Quintessenz des strategischen Managements

Nils Bickhoff

Quintessenz des strategischen Managements

Was Sie wirklich wissen müssen, um im Wettbewerb zu überleben

Springer

Dr. Nils Bickhoff
Nissen Bickhoff Carstensen GmbH & Co. KG
Colonnaden 5
20354 Hamburg
bickhoff@nbc-solutions.com
www.nbc-solutions.com

ISBN 978-3-540-79371-7 e-ISBN 978-3-540-79372-4

DOI 10.1007/978-3-540-79372-4

Bibliografische Information der Deutschen Nationalbibliothek
Die Deutsche Nationalbibliothek verzeichnet diese Publikation in der Deutschen Nationalbibliografie; detaillierte bibliografische Daten sind im Internet über http://dnb.d-nb.de abrufbar.

Herstellung: le-tex publishing services oHG, Leipzig
Einbandgestaltung: WMXDesign GmbH, Heidelberg
Lektorat: Juliane Topka (www.julianetopka.de)

Gedruckt auf säurefreiem Papier

9 8 7 6 5 4 3 2 1

springer.de

Inhalt

Einstieg: Nur wesentliches Strategiewissen

Ein Buch zu Strategie und strategischem Management muss man sofort kritisch hinterfragen. Es gibt so viele herausragende und auch aktuelle Bücher zu dem Thema, braucht die Leserschaft der Manager – die zuvor oftmals Studenten waren – da noch einen weiteren Band im Regal? Der Erkenntnisstand über Strategie und strategisches Management hat sich in den letzten Jahren nicht so dramatisch verändert, dass allein dadurch ein weiteres Buch gerechtfertigt wäre. Und trotzdem gibt es zwei erhebliche, voneinander abhängende Lücken im „Bücherwald“:

a) Obwohl es unzählige Absolventen der Betriebswirtschaftslehre gibt und obwohl diese und andere Personen Strategien entwickeln, fehlt den meisten Anwendern das grundlegende Verständnis für den Strategiebegriff, für den Strategieprozess, für die Mechanik der wesentlichen Instrumente und deren Zusammenhänge.

b) Die Ursache hierfür liegt in der oftmals überbordenden und unüberschaubaren Anzahl an Informationen und Ansätzen zum Thema „Strategie“. Bisher hat niemand versucht, die Quintessenz des strategischen Managements – also das, was Sie wirklich wissen müssen, um im Wettbewerb zu überleben – darzustellen. Selbstverständlich bleibt bei dieser Zielsetzung einiges Wissen zu dem Thema auf der Strecke, aber es geht ja um die „Quintessenz“, also das Wesentliche – für alles Weitere gibt es umfangreiche Lehrbücher. [1]

---

[1] Um nur eines zu nennen, das wirklich hervorragend und umfassend ist: Pettigrew A. / Thomas H. / Whittington R. (Hrsg.), Handbook of Strategy and Management, London u. a. 2002.

Ziel des vorliegenden Buches war und ist es somit, auf möglichst wenigen Seiten diese Lücken so einfach verständlich wie möglich zu füllen und die grundlegenden, wichtigsten theoretischen Aspekte zu vermitteln, um dann aber auch den Transfer dieses Wissens auf echte Entscheidungssituationen zu ermöglichen. Für die wenigsten Leser gehört „nur" das Wissen über das strategische Management zum beruflichen Inhalt einer dann eher wissenschaftlichen Karriere. Die Mehrzahl wird zum Anwender (oder ist es bereits), der strategische Situationen strukturieren und bewerten muss – insbesondere an diese Anwender richtet sich das Buch.

Jedes noch so pragmatische oder knappe Buch braucht eine Struktur: In diesem Fall besteht sie aus drei großen Teilen. Zunächst erfolgt die Entwicklung eines gemeinsamen Grundverständnisses für den Begriff „Strategie" und den Prozess des „strategischen Managements", damit im weiteren Verlauf auch alle Leser von derselben Basis ausgehen. Im zweiten Teil werden die Bezugsrahmen des strategischen Denkens, ihre Vernetzung und ihre Einbindung in das strategische Management dargestellt.[1] Nach den beiden grundlegenden Teilen behandelt Teil drei ausgewählte Managementkonzepte aus der Strategiepraxis, die einige der Kernideen der Bezugsrahmen aufgenommen und anwendungsorientiert integriert haben. Die Praxisnähe kommt dabei nicht zu kurz: Über den gesamten Verlauf hinweg illustrieren fiktive und reale, teilweise anonymisierte Beispiele die vorgestellten Bezugsrahmen und Managementkonzepte.

---

[1] Die Beschreibung der Mechanismen beruht dabei ausschließlich auf den Originalartikeln der Entwickler, um verfremdende Interpretationen zu vermeiden. Dies führt dazu, dass teilweise englischsprachige Abbildungen und Begriffe im Original (und somit nicht übersetzt) verwendet werden.

Nach der Lektüre dieses Buches haben Sie als Leser Folgendes erreicht:

- Sie verfügen über ein Grundverständnis für Strategie und den Prozess des strategischen Managements.
- Sie kennen die wichtigsten strategischen Instrumente (inkl. der dazugehörigen Originalliteratur) sowie deren Zusammenspiel.
- Sie sind sich über die Schwerpunkte und Überlegungen der Strategiepraxis bewusst.
- Sie können Wirtschaftsinformationen im Hinblick auf die zugrunde liegenden strategischen Überlegungen analysieren und interpretieren.

Um es vorab noch einmal deutlich zu sagen: Niemand – und auch nicht dieses Buch – kann eindeutig sagen, welches eine richtige oder optimale Strategie in einer bestimmten Situation ist. Dies hängt mit der Längerfristigkeit strategischer Entscheidungen zusammen, die (fast) immer vor dem Hintergrund komplexer und dynamischer Umfelder stattfinden. Deshalb ist es wichtig, sich ein umfassendes Bild von der strategischen Ausgangssituation zu machen und die Möglichkeiten dann aus mehreren Perspektiven zu betrachten. So lässt sich die Unsicherheit der Entscheidung reduzieren und eine Einschätzung dafür entwickeln, welcher Weg einzuschlagen ist – am besten findet dies in Kombination mit mehrjähriger Branchen- und Funktionserfahrung statt. Die mehrjährige Erfahrung müssen Sie mitbringen, dieses Buch zeigt Ihnen unter anderem, wie Sie prozessual und instrumentell das Risiko auf dem Weg zu einer strategischen Entscheidung reduzieren können.

1 Strategie und strategisches Management: Ein erstes Grundverständnis

Starten wir bei null: Nehmen wir einmal an, Sie wissen nicht was Strategie bedeutet, haben den Begriff entweder heute zum ersten Mal gehört oder aber ihn bisher nicht bewusst angewendet. Im Weiteren werden Sie ein erstes Grundverständnis für Strategie und den Prozess des strategischen Managements entwickeln – bitte nehmen Sie es als Grundverständnis und nicht als zwingende Definition: Wie Sie noch sehen werden, entsteht das Gefühl für Strategie letztlich individuell und am konkreten Fall.

1.1 Was ist Strategie und wie wird sie entwickelt?

Strategie ist nicht einfach so zu beschreiben. Den Begriff der Strategie muss man zunächst einmal in seinen Facetten begreifen, um dann ein individuelles Gefühl dafür zu entwickeln, welches sich in der praktischen Anwendung von Mal zu Mal verbessert. Die persönliche Lernkurve flacht dabei allerdings nie ab, sondern sie steigt immer kontinuierlich an. Der Strategiebegriff ist nicht nur auf das Wirtschaftsleben beschränkt – auch das private Leben, Sport und Politik werden durch Strategien geprägt. Die Beispiele in diesem Buch werden sich größtenteils mit ökonomischen Sachverhalten beschäftigen, eine analoge Anwendung in anderen Bereichen ist aber selbstverständlich möglich.

1.1.1 Einschätzungen der Neuzeit

„*Nobody really knows what strategy is!*" – Die englische Fachzeitung *The Economist* subsumierte bereits 1993 (Ausgabe vom 20. März 1993) alles bis dahin Bekannte knapp und präzise. Und auch heutzutage sind wir keinen Schritt weiter, eher ganz im Gegenteil: Die regen Forschungsaktivitäten der letzten Jahre haben – neben einigen guten Ansätzen – auch dazu geführt, dass der Blick für das Wesentliche an der Strategie immer unschärfer geworden ist. Ebenso wie der Wald vor lauter Bäumen nicht mehr zu sehen ist, kann der Strategiebegriff aufgrund der Vielzahl von strategischen Konzepten nicht mehr herauskristallisiert werden. Die Gefahr der „Paralyse durch Analyse" hat entsprechend auch die renommierte Harvard Business School beklagt: Wie soll eigentlich in konkreten strategischen Entscheidungssituationen diese Komplexität der zahlreichen Analysen bewältigt und eine gute Strategie formuliert werden? Markides hingegen gibt uns den Rat, gar nicht erst planerisch die Konzepte zu integrieren. Er definiert eine gute Strategie vom Ergebnis her: „*... behind every successful company there is a superior strategy.*"[1] Nun muss man „nur noch" die Strategien erfolgreicher Firmen verstehen und kopieren, die Frage der exakten Definition ist unerheblich.

1.1.2 Historische Grundbegriffe

Der Begriff „Strategie" entspringt dem griechischen Wort „strategos", das „Führung" im militärischen Sinne bedeutet: Es geht hierbei um die Planung des Gebrauchs von Ressourcen, um bestimmte Ziele zu erreichen. Von Carl von Clausewitz (1780–1831), einem General und Kriegstheoretiker aus Preußen, stammt der Ausspruch „Strategie ist die Ökonomie der Kräfte"; er wird deshalb oft als erster Stratege benannt. Ein Blick in die Geschichte zeigt allerdings, dass bereits vor ihm zahlreiche Kriegsherren wie z. B. Cäsar, Sun Tzu und Machiavelli militärisch motivierte Strategien entworfen und formuliert haben

---

[1] Markides C., „A dynamic view of strategy" in: Sloan Management Review 40/3 (1999), S. 55–63.

(s. Abbildung 1). Und jede dieser teilweise antiken Kriegsstrategien besitzt auch heute noch im Analogieschluss für das Management Gültigkeit.

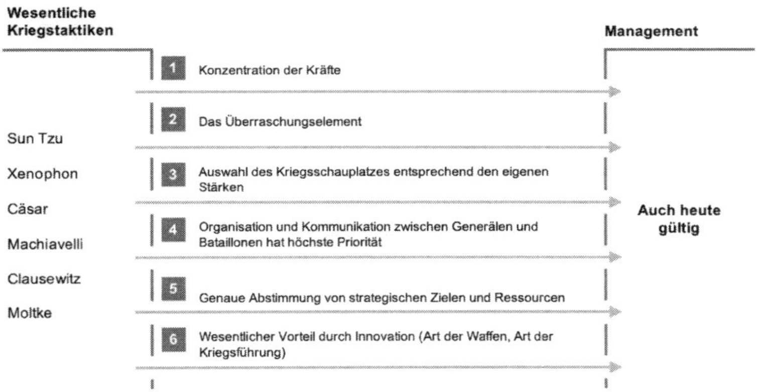

Abb. 1: Wesentliche, auch für das heutige Management gültige Kriegsstrategien

Denn Ressourcenkonzentration, Überraschungen, Innovationen, Organisation und Kommunikation, Abstimmung von Zielen und Ressourcen sowie die Berücksichtigung der eigenen Stärken sind auch für heutige Entscheider Kernbegriffe ihres täglichen Handelns im Umfeld von Markt, Wettbewerb und eigenem Unternehmen. Das Verständnis von Strategie hat sich also nicht verändert, lediglich der Schauplatz ist für Manager ein anderer.

1.1.3 Ein erstes Beispiel: Der Zweite Punische Krieg

Bleiben wir bei den antiken Kriegsherren, denen die erstmalige bewusste Anwendung von Strategien zugesprochen wird. Ein kleines Beispiel vermittelt die Komplexität von Strategie und zeigt, warum auch gute Strategien nicht immer zum nachhaltigen Erfolg führen.

Karthago hatte nach langen Kämpfen den Ersten Punischen Krieg (264–241 v. Chr.) gegen Rom verloren. Das zentrale Mittelmeer war von den Römern beherrscht, und Karthago musste in dieser Situation einen weiteren Angriff der römischen Flotte fürchten, mit dem es gänzlich unterworfen werden sollte.

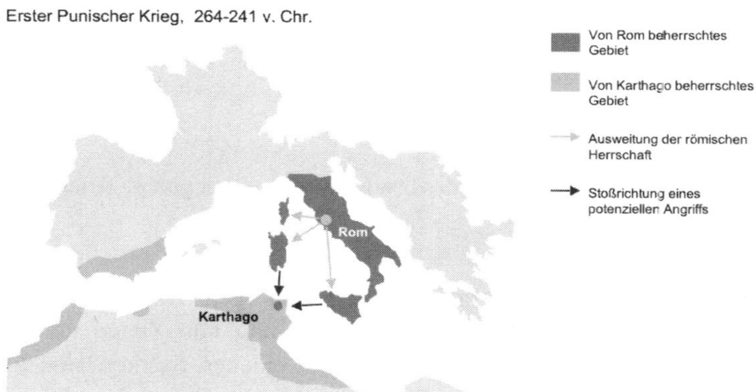

Abb. 2: Ausgangssituation nach dem Ersten Punischen Krieg

Karthago erkannte diese Gefahr und beauftragte den Feldherrn Hannibal mit der Strategiefindung.[1] Hannibal analysierte die Aus-

[1] Die folgenden Ausführungen dienen der Illustration und können keinen Anspruch auf historische Eindeutigkeit erheben, aber die Strategieentwicklung könnte sicherlich so oder ähnlich stattgefunden haben.

gangssituation und verglich zunächst die Ausstattungen von Rom und Karthago miteinander. Ergebnis dieses Vergleichs (s. Abbildung 3) war unter anderem, dass Rom eine bessere Ausstattung an Männern wie an Schiffen hatte – ein weiterer Seekrieg war damit denkbar riskant für Karthago. Andererseits hatte Karthago Vorteile bei den Reitern und – noch viel wichtiger – Kriegselefanten als eine den Römern zu diesem Zeitpunkt unbekannte Waffe.

Ausgangssituation/Ausstattung

	Karthago	Rom
Männer	*	* *
Schiffe	* *	* * * *
Reiter	* *	*
Innovative Instrumente	Elefanten	---

Abb. 3: Vergleich der Ausstattungen von Rom und Karthago

Unter Berücksichtigung der geografischen Verhältnisse war Hannibal schnell klar, dass Rom aufgrund der Wasserlage Italiens nicht direkt, sondern nur über den Umweg über Land angegriffen werden konnte. Darüber hinaus war der Landweg für Karthago auch viel vorteilhafter, da hier die Überlegenheit an Reitern und Elefanten zur Geltung kommen konnte.

Die strategische Entscheidung von Hannibal war es deshalb, die Streitmacht (50.000 Männer, 9.000 Reiter und 37 Elefanten) auf die Iberische Halbinsel nach Neu-Karthago überzuschiffen, im Anschluss die Alpen zu überqueren, um dann gegen Rom auf festem Boden zu kämpfen.

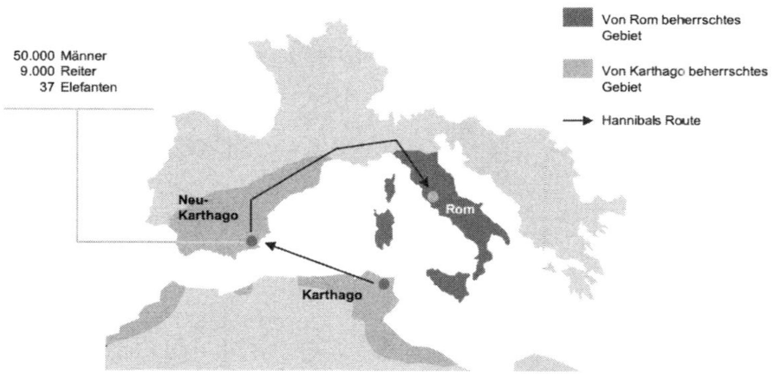

Abb. 4: Hannibals strategische Entscheidung: Der Weg nach Rom

Wenn wir nun die (Kriegs-)Strategie von Hannibal evaluieren wollen, so können wir dazu die bereits vorgestellten sechs Beispiele von Kriegsstrategien (vgl. Abbildung 1) als Maßstab heranziehen. Offensichtlich hat Hannibal alle diese strategischen Überlegungen in seine Planungen integriert, sodass wir seine Strategie positiv bewerten können:

		Beschreibung
1	**Konzentration der Kräfte**	Hannibal stationiert seine gesamte Armee in Neu-Karthago
2	**Das Überraschungselement**	Der ungewöhnliche Weg über die Alpen überrascht die Römer, die mit einer Expansion auf die Iberische Halbinsel gerechnet haben
3	**Auswahl des Kriegsschauplatzes entsprechend den eigenen Stärken**	Da seine Flotte viel schwächer ist als die der Römer, führt er einen Krieg zu Lande
4	**Organisation und Kommunikation zwischen Generälen und Bataillonen hat höchste Priorität**	Die Vorgehensweise ist gut organisiert (nur wenige Ressourcen gehen unterwegs verloren)
5	**Genaue Abstimmung von strategischen Zielen und Ressourcen**	Ziel ist Sieg über die Römer – mit Waffen, die Vorteile bieten
6	**Wesentlicher Vorteil durch Innovation (Waffen, Kriegsführung)**	Den Römern sind Elefanten und deren Stärken/Schwächen zunächst unbekannt

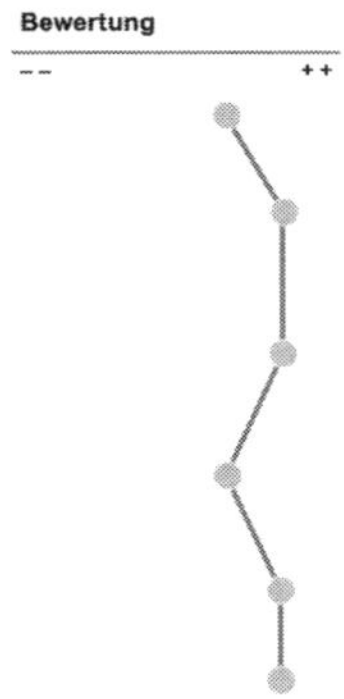

Abb. 5: Evaluation der strategischen Planung Hannibals

Angesichts der militärischen Kompetenz, die Hannibal mit dieser Strategie bewies, stellt sich natürlich die Frage, warum er trotzdem den Zweiten Punischen Krieg nach 17 Jahren verlor. Historiker beantworten diese Frage unter anderem damit, dass er nach den anfänglichen Siegen nicht bedingungslos weiter Richtung Rom zog, sondern sich auf politische und taktische Schlachten einließ, die ihn und seine Ressourcen am Ende schwächten. Der Gegner hatte dadurch die Möglichkeit, sich zu erholen und auf die Strategie Hannibals einzustellen.

Wir sehen also bereits an diesem Beispiel, dass eine Strategie mehrere Perspektiven berücksichtigen sollte. Und außerdem erkennen wir, dass selbst eine noch so gut geplante Strategie nicht nachhaltig erfolgreich sein muss – ein Punkt, den wir in Kapitel 1.3 intensiver diskutieren werden.

1.2 Die theoretische Antwort: Strategie als ganzheitliche Konzeption

Das vorangegangene Kapitel hat eine erste Idee davon vermittelt, was Strategie ist, und deutlich gemacht, dass es offensichtlich immer vorteilhaft ist, über eine eigene Strategie zu verfügen. Unternehmen als ökonomische Einheiten brauchen Strategien, um ihre Prioritäten bei der Verteilung von Ressourcen setzen zu können, aber auch um auf die Veränderungen der Umwelt reagieren, den Verhaltensweisen des Wettbewerbs begegnen oder die eigene Ausrichtung gegenüber Mitarbeitern, Kunden und Eignern kommunizieren zu können.

1.2.1 Strategie

Um diesen vielfältigen Ansprüchen gerecht zu werden, verfügt eine Strategie nach der Literatur über fünf wesentliche Merkmale:[1]

1. Sie weist einen ganzheitlichen Bezug auf, d. h. sie bezieht sich auf übergreifende Gebiete/Unternehmensteile.
2. Sie ist intendiert, d. h. von den Entscheidern gewollt.
3. Sie ist handlungsorientiert, d. h. aktivistisch formuliert.
4. Sie ist systematisch, d. h. für Dritte nachvollziehbar.
5. Sie verfolgt die langfristige Erreichung von Zielen.

Darüber hinaus formuliert die Literatur weitere Anforderungen: Oberziel jeder Strategie ist die langfristige Existenzsicherung, und der Fokus liegt auf den relevanten Märkten und deren Chancen und Risiken. Der Begriff der Relevanz ist dabei von Bedeutung: Es geht darum, aus sachlicher, geografischer und zeitlicher Sicht den für sich relevanten Markt zu definieren, um die Strategie entwickeln zu

---

[1] Vgl. für diese und die weiteren Ausführungen der Abschnitte 2.2 und 2.3 Bickhoff N., Erfolgswirkungen strategischer Umweltmanagementmaßnahmen, Wiesbaden 2000. Siehe dort auch die weiterführenden Literaturhinweise.

können. Ein Beispiel: Der lokale Bäcker konkurriert nicht mit einem lokalen Bäcker aus einer anderen Stadt, sie haben keinen gemeinsamen geografisch relevanten Markt. Und seine Brötchen stehen nicht in direkter Konkurrenz zu den Würstchen des lokalen Metzgers, auch wenn es beides Nahrungsmittel sind – sie haben keinen gemeinsamen sachlich relevanten Markt.

Anbieter sollen dabei die vorhandenen Chancen auf relevanten Märkten nutzen, indem sie ihre internen Stärken und Schwächen kennen und entsprechend berücksichtigen.

In Summe können die oben genannten Punkte wie folgt für eine Definition verwendet werden:

> „Zusammenfassend stellt Strategie in der Unternehmenspraxis die ganzheitliche Konzeption zur Erreichung der langfristigen Existenzsicherung in aktiver Auseinandersetzung mit dem Wettbewerb und seinen Chancen und Risiken dar, wobei die systematische Umsetzung der Konzeption unter Berücksichtigung der individuellen Stärken und Schwächen ermöglicht wird.“[1]

Es ist offensichtlich, dass mit einer derart hölzernen und komplexen Definition, die so ähnlich in den meisten Büchern zu finden ist, kein Praktiker im Ernstfall eine Strategie entwickeln kann. Halten wir deshalb einfach fest, dass man den Begriff der Strategie in eine Anzahl von Merkmalen sezieren kann, deren Anwendungsmöglichkeit in der Praxis allerdings sehr begrenzt sind.

---

[1] Bickhoff N., a.a.O., S. 53.

1.2.2 Strategisches Management

Strategisches Management und strategische Führung beschreiben nach herrschender Meinung denselben Sachverhalt. Im Folgenden bleiben wir beim Begriff des strategischen Managements:

> Strategisches Management ist der von spezifischen Personen determinierte Prozess zur Festlegung und Durchsetzung der bereits beschriebenen ganzheitlichen Konzeption.[1]

Die Ziele des strategischen Managements sind die zukünftigen Zustände, die von den spezifischen Personen (z. B. Management, Eigentümer) angestrebt werden. Die Unternehmenskultur mit ihren Werten und Strukturen bildet dabei die Basis und prägt den Managementprozess, indem aus ihr eine Vision und Mission abgeleitet wird. Diese sehr „weichen" Themen sollen – da sie nur sehr langfristig veränderbar sind – nicht weiter verfolgt werden. Gehen wir einmal davon aus, dass es eine solche Basis gibt.

[1] Vgl. Bickhoff N., a.a.O., S. 53.

1.3 Die prozessuale Antwort: Strategische Planung – das organisierte Verständnis von Strategieprozessen

Der Idee des strategischen Managements folgend, dass es sich um einen Prozess handelt, lässt sich dieser Prozess auch als strategische Planung (Konzept des „*Strategy as Formal Planning*"[1]) bezeichnen. Er gliedert sich in vier inhaltliche Bereiche: die generelle Zielplanung, die strategische und die operative Maßnahmenplanung sowie die Steuerung und Kontrolle der operativen Planung.

1.3.1 Die generelle Zielplanung

In der generellen Zielplanung legen die Manager oder Eigentümer die angestrebten zukünftigen Zustände, d. h. die Ziele des strategischen Managements, fest. Dabei hat es seit Mitte des 20. Jahrhunderts eine Abkehr vom Postulat der Gewinnmaximierung als alleinigem Unternehmensziel gegeben. Inzwischen ist anerkannt, dass es für Unternehmen eine Anzahl an gleichrangigen Zielen gibt, sodass von einem „multiattributiven Zielsystem" gesprochen werden kann. In der Konsequenz führt dies zu Fragen, die sich mit der Ausgestaltung, der Positionierung und den Beziehungen der Ziele in diesen Zielsystemen befassen.

Hinsichtlich der Positionierung ist eindeutig, dass das Oberziel eines solchen Zielsystems immer die langfristige Existenzsicherung ist, die auf drei unabdingbaren Existenzbedingungen basiert. Nach ihnen muss ein Unternehmen

- jederzeit kurzfristig liquide sein,
- zumindest langfristig rentabel sein und
- ein – im Verhältnis zum relevanten Markt – mindestens durchschnittliches Wachstum aufweisen,

---

[1] Vgl. z. B. Brews P. J., „Star Trek strategy: real strategy at work" in: Business Strategy Review, Autumn 2003, Volume 14, Issue 3, S. 34–43.

um langfristig existieren zu können. Unterhalb des Oberziels gibt es übergeordnete Zielbündel, die entweder ökonomische Formalziele oder nicht-ökonomische Sachziele abbilden. Die gängigste Aufteilung weist Ertragsziele (Wirtschaftlichkeit, Umsatz, Kosten etc.), Marktziele (Absatz, Kunden, Märkte etc.) und Leistungsziele (Qualität, Umwelt, Mitarbeiter etc.) als Zielbündel auf. Jedes der Zielbündel unterstützt das Oberziel, allerdings kann es zwischen den Zielbündeln zu Zielkonkurrenz kommen: So stehen insbesondere die Leistungsziele oftmals in einem direkten Widerspruch zu Rendite-/ Gewinnzielen. Die Zielbündel selbst konkretisieren sich in den allgemeinen unternehmenspolitischen Zielen – die Bestimmung dieser Ziele ist die grundlegende Führungsentscheidung der Manager oder Eigentümer.

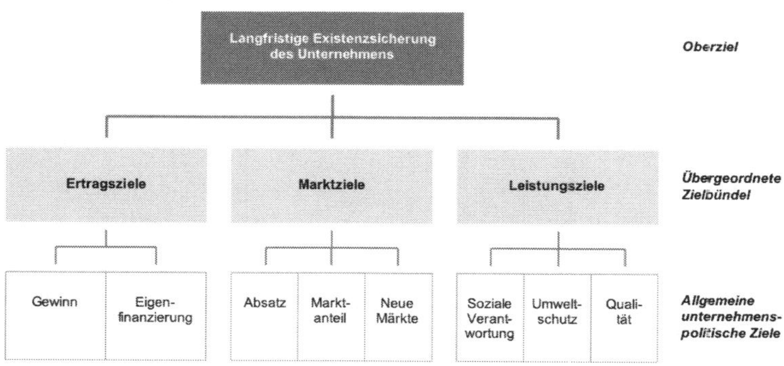

Abb. 6: Beispiel eines hierarchisch strukturierten, multiattributiven Zielsystems

Es ist offensichtlich, dass die strategische Planung bereits im Bereich der generellen Zielplanung ein stark „organisiertes Verständnis" des Strategiebegriffs aufweist. Von oben nach unten werden die von einer kleinen Gruppe für richtig erachteten unternehmenspolitischen Ziele vorgegeben.

1.3.2 Die strategische Maßnahmenplanung

Die strategische Maßnahmenplanung ist der nächste Schritt dieses organisierten Strategieverständnisses: Die vorgegebenen unternehmenspolitischen Ziele müssen durch geeignete Maßnahmen konkretisiert werden. Dabei ist in diesem Schritt der Detaillierungsgrad der Maßnahmen gering und der Zeithorizont weit. Ein Beispiel: Um den Absatz eines Handelsunternehmens um 30 Prozent zu steigern, könnte eine entsprechende strategische Maßnahme die Vergrößerung der Anzahl an Vertriebsstandorten von 50 auf 80 Filialen innerhalb der nächsten zwei Jahre sein.

1.3.3 Die operative Maßnahmenplanung

Ging es im vorigen Schritt um die eher grobe und langfristige Konkretisierung der Ziele, so müssen an diesem Punkt die operativen Maßnahmen zur Umsetzung und Erreichung der Ziele geplant werden. Der Detaillierungsgrad steigt entsprechend an, während der Zeithorizont enger wird. Auf das kleine Beispiel bezogen bedeutet dies, dass nun geplant werden muss, an welchen Standorten und in welchem zeitlichen Ablauf die zusätzlichen 30 Filialen zu etablieren sind und wer für die jeweiligen Schritte verantwortlich ist.

1.3.4 Die Steuerung und Kontrolle der operativen Planung

Steuerung und Kontrolle der operativen Planung schließen den Ansatz der strategischen Planung und damit auch das organisierte Verständnis von Strategie ab. Dabei werden die Ist-Werte regelmäßig mit festgelegten, quantifizierten Soll-Werten abgeglichen, um bei Fehlentwicklungen gegensteuern zu können. Eine Fehlentwicklung läge in unserem Beispiel etwa vor, wenn eine neue Filiale nicht zum verabredeten Zeitpunkt eröffnet werden könnte.

1.3.5 Implikationen des Konzepts der strategischen Planung

Es ist offensichtlich, dass das Konzept der strategischen Planung den Entscheidern eine Sicherheit suggeriert, die es nicht gewährleisten kann. Wie wir bereits bei Hannibal gesehen haben, ist eine gute strategische Planung unerlässlich. Eine gut geplante Strategie allein führt jedoch nicht notwendigerweise zum Erfolg. Das organisierte, systemische Verständnis von Strategie führt vielmehr einerseits dazu, dass Unternehmen nach diesem Prozessprinzip häufig mehr verwaltet als geführt werden und somit nur noch auf Messbarkeit und Kontrolle statt auf Kreativität und Fähigkeiten ausgerichtet sind. Zum anderen ist der Top-down-Ansatz der Zielentscheidung kritisch zu hinterfragen: Sind die Entscheider wirklich so allwissend?

Mintzberg hat deshalb dem Konzept der strategischen Planung („*Strategy as Formal Planning*") das Konzept der emergenten Strategien („*Strategy as Learning*"[1]) entgegengestellt: Strategien entwickeln sich demnach in einer Organisation eher von unten nach oben, indem das Unternehmen im Zeitablauf aus seinen Erfolgen und Fehlern lernt. Belege für die Fehlbarkeit des Top-Managements finden sich in fast jedem Unternehmen: Lesen Sie einmal ein paar aufeinanderfolgende Geschäftsberichte einer Kapitalgesellschaft. Geschäftsberichte stellen den Eigentümern die Strategie vor und setzen Schwerpunkte. In der Mehrzahl der Fälle ist festzustellen, dass der an die Eigentümer kommunizierte strategische Schwerpunkt sich nahezu jährlich wandelt: von investivem Wachstum zu Konsolidierung zu Kundenorientierung zu Wertmanagement etc. Vor dem Hintergrund, dass eine Strategie langfristigen Charakter hat, sollte auch das Thema eines Geschäftsberichts konstant bleiben oder höchstens graduell variieren. Nahezu jährliche Wechsel der Strategiethemen belegen nur, dass das Konzept der strategischen Planung durch das Top-Management nicht unbedingt nachhaltig und – siehe Hannibal – auch nicht zwingend erfolgreich ist.[2]

---

[1] Vgl. z. B. Brews P. J., a.a.O.

[2] Eine Recherche von fünf aufeinanderfolgenden Geschäftsberichten eines Unternehmens ermöglicht jedem Leser einen Einblick in konkrete Fälle.

1.4 Die innovative Antwort: Kreativer Regelbruch als alternativer Ansatz zur Durchführung von Strategieprozessen

Um die Dimension der Verwaltung in strategischen Prozessen zu reduzieren und wieder mehr Kreativität in der strategischen Planung zu erreichen, muss der formale Ansatz eines Strategieprozesses mit der Intuition emergenter Strategien kombiniert werden. Einfach gesagt heißt das: Nur intensiver Austausch und Diskussion führen zu kreativen strategischen Lösungen. Damit die Kreativität jedoch nicht im Chaos endet, kann ein systematischer Prozesses helfen, der in vier Schritten die Entwicklung regelbrechender Strategien unterstützt.[1]

1.4.1 Weshalb Regeln gebrochen werden müssen

Selbstverständlich ist es prinzipiell richtig, die Regeln des eigenen Marktes zu befolgen. Allerdings ist gerade in Märkten oder Zeiten mit beschränkten Möglichkeiten für technologische Innovationen und zunehmenden Konsolidierungstendenzen die langfristige Existenzsicherung für einige Marktteilnehmer stark gefährdet. In solchen Situationen liegt der geschäftliche Erfolg oftmals darin, gezielt die Regeln des Marktes zu brechen. Ryanair[2], IKEA, Dell oder H&M sind Beispiele für Unternehmen, die es in ihren tradierten Märkten durch Regelbrüche zu erheblichen Marktanteilen und Erfolg gebracht haben. Aber nicht jeder, der Regeln bricht, ist auch erfolgreich, denn durch den Regelbruch entstehen nicht nur Chancen, sondern auch Risiken. Für einen prozessualen Ansatz bedeutet dies, dass es entscheidend ist, die Regeln des eigenen Geschäfts zu kennen, um darauf

---

[1] Vgl. für die weiteren Ausführungen dieses Abschnitts – und insbesondere zu Formen von Regeln – den Beitrag von zu Knyphausen-Aufseß D. / Bickhoff N. / Bieger T., „Understanding and breaking the rules of business: Toward a systematic four-step process" in: Business Horizons, Kelley School of Business, Indiana University, September-October 2006, S. 369–377.

[2] Siehe hierzu auch Abschnitt 4.1.2.

basierend so systematisch wie möglich zu prüfen, ob es Möglichkeiten gibt, erfolgreich von diesen Regeln abzuweichen.

Regelbrüche fallen einem normalerweise nicht einfach so ein, und deshalb ist die Entwicklung der regelbrechenden Strategie eine komplexe Aktivität, an deren Ende immer ein zusätzliches Maß an Ungewissheit – im Vergleich zu einer regelkonformen Strategie – bleibt. Eben weil der Erfolg (oder Misserfolg) einer Strategie erst langfristig deutlich wird, meiden die meist risikoscheuen Entscheider einen Bruch mit den bestehenden Regeln ihrer Branche, verhalten sich lieber regelkonform und minimieren so die Ungewissheit. Leichter fällt der Regelbruch, wenn die mit ihm verbundenen Unsicherheiten reduziert werden können. Um Kreativität und damit Regelbrüche zu fördern, ist somit ein Prozess erforderlich, der die Erfolgsaussichten kreativer Strategien erhöht.

Üblicherweise lernen wir in bestehenden Kontexten, d. h. wir entwickeln unsere Strategien im Rahmen der gegebenen Umfelder wie Branche oder gesetzliche Rahmenbedingungen. Diese setzen jedoch der strategischen Kreativität natürliche Grenzen: Wir können normalerweise nicht über den „Tellerrand" unseres Geschäfts schauen, sondern verharren in den tradierten Denkmustern. Damit erzielen wir lediglich marginale Veränderungen in der Strategie, jedoch niemals einen Regelbruch.

Um kreative Ideen in die Strategieformulierung zu bringen, kann ein Unternehmen nun zum einen Experten aus anderen Branchen in die Strategieentwicklung integrieren. Viele Unternehmen tun dies, indem sie neue, branchenfremde Vorstände engagieren, die frischen Wind in die Organisation bringen sollen. Leider akklimatisieren sich diese Personen meist sehr schnell in der neuen Organisation, und der frische Wind wird rasch zum lauen Lüftchen. Ein permanentes Auswechseln von Führungskräften ist dann allerdings auch nicht die Lösung, vielmehr führt es zu erheblicher Unruhe im Unternehmen.

Eine Alternative ist der Einsatz von Beratern, die mit einem reichen Erfahrungsschatz und Branchenkenntnis ebenfalls für neue Ideen stehen. Allerdings geht jedes Projekt irgendwann zu Ende, und damit verbleiben die Ideen und Impulse personell gesehen meist nicht im

Unternehmen. Es muss also darum gehen, als Organisation eigenständig den Blick über den Tellerrand zu schaffen, um aus dem Erlernten innovative, eigene Strategien abzuleiten. Hierbei soll ein neuer Strategieentwicklungsprozess, der „Rule-Breaking Strategy Creator", helfen.

1.4.2 Der „Rule-Breaking Strategy Creator" – Vier Schritte zum Regelbruch

Der Rule-Breaking Strategy Creator besteht aus vier Schritten, die im Folgenden näher erläutert werden sollen. Die ersten beiden Schritte stammen aus der Strategieberatung, die letzten beiden Schritte aus dem Venture-Capital-Geschäft:

1. Aufbau und Pflege eines allgemeingültigen Analyse-/ Untersuchungsraums
2. Regelmäßige Kombination der gewonnen Informationen zu innovativen Ansätzen/Strategien
3. Übertragung der innovativen Ansätze in unternehmensspezifische Opportunitäten (*Business Opportunities*)
4. Evaluierung dieser Opportunitäten und der dahinter liegenden strategischen Überlegungen

Die Kombination dieser Instrumente integriert innovativ die Kapitalmarkt-Sicht mit unternehmerischen Aspekten und Kreativitätstechniken. Vor dem Hintergrund der analysierten, bestehenden Kontexte entsteht ein Prozess zur Strategieentwicklung, der die Risiken des Regelbruchs für ein Unternehmen minimiert und dabei die strategische Kreativität im Prozess maximiert.

Im ersten Schritt geht es darum, den Blick über den Tellerrand zu ermöglichen und die identifizierten Regeln systematisch zu hinterfragen. Die Systematisierung ist deshalb so wichtig, weil sonst möglicherweise erlernte Informationen verloren gehen (z. B. durch den Weggang von Personen). Der Untersuchungsraum sieht eine feste Abfolge von sechs Untersuchungsschritten oder Fragen vor:

1 Untersuchungsschritte (standardisiert)	Suchfeld/Oberthema							
	Teilsegment 1				Teilsegment 2		Teilsegment ...	
	Eigene Industrie	Branche A	Branche B	Branche ...	Eigene Industrie	Branche ...	Eigene Industrie	Branche ...
Was sind die existierenden Regeln des Geschäfts, die zu den herrschenden Strategien führen?								
Welche alternativen Regeln/ Prozesse zur Bestimmung von Strategien gibt es?								
Warum sind diese alternativen Regeln besser?								
Was sind die „Enabler" zur Kreierung dieser alternativen Regeln?								
Was sind die „Driver" zur Kreierung dieser alternativen Regeln?								
Wie können diese regelbrechenden Strategien implementiert werden?								

Abb. 7: Schritt 1 – Das Prinzip des allgemeingültigen Analyse-/Untersuchungsraums

Betrachten wir ein Beispiel: Ein deutsches Unternehmen der Automobil-Zulieferindustrie möchte seine über die Jahre aufgebauten Kapazitäten (Standorte, Personal, Anlagen etc.) wieder zu einem Wettbewerbsvorteil ausbauen. Das Oberthema (z. B. der Umgang mit Überkapazitäten) kann nun durch Einzelfragen oder Teilsegmente aufgegliedert werden wie:

- Wie können die Arbeitszeiten innovativ flexibilisiert werden?
- Wie können saisonal verfügbare Lagermöglichkeiten an Externe vermarktet werden?

Es ist davon auszugehen, dass in der eigenen Branche und im eigenen Land alle mehr oder weniger auf die gleiche Art mit dem Thema umgehen. Aber vielleicht lohnt sich der Blick über den Tellerrand? Diese Einzelfragen kann das Unternehmen nun entlang des Untersuchungsraumes systematisch über verschiedene Branchen,

Nationen oder auch Wertschöpfungsabschnitte analysieren. Hierzu gilt es, die sechs Untersuchungsschritte, die für jede Industrie und jedes Unternehmen gültig sind, auf die gegebene Situation anzuwenden und folgende Fragen zu stellen:

a) Was sind die existierenden Regeln des Geschäfts?

b) Welche alternativen Regeln gibt es?

c) Warum sind diese Regeln besser?

d) Welche „Enabler" (ermöglichende Faktoren) stecken hinter diesen alternativen Regeln?

e) Welche „Driver" (treibende Faktoren) stecken hinter diesen alternativen Regeln?

f) Wie lassen sich diese Regeln implementieren?

Die Komplexität der Arbeitsfragen steigt in ihrer Abfolge, jedoch je weiter eine andere Branche oder ein anderes Land dieses Thema entwickelt hat, desto einfacher lassen sich die Fragen beantworten. So lässt sich das vorhandene branchenfremde Wissen zu allen möglichen Oberthemen einfach standardisieren und systematisieren.

Selbstverständlich ist so ein Untersuchungsrahmen niemals starr, sondern immer lebendig: Er füllt sich meist langsam und hört nie auf zu wachsen. Strategieberater benutzen solche Instrumente, um ihr Wissen zu archivieren, damit sie ihren Klienten industrieübergreifende Lösungen anbieten können. Und am Ende weiß das deutsche Unternehmen im Beispiel vielleicht, wie Kupferminengesellschaften in Australien mit Arbeitszeiten und Lebensmittelproduzenten in Indien mit saisonalem Lagerbedarf umgehen.

Im zweiten Schritt (s. Abbildung 8) müssen die Beobachtungen aus einem – oder auch mehreren – Untersuchungsrahmen kombiniert werden, um von den neu gewonnenen Informationen zu kreativen Strategieansätzen zu gelangen. An dieser Stelle wird frei nach dem Prinzip des „Anything Goes" das Spektrum der verfügbaren Kreativitätstechniken angewandt: die systematisch-logischen Verfahren (z. B. morphologische Methode, Problemkreisanalyse, Relevanzbaumverfahren) ebenso wie die intuitiv-kreativen Verfahren (z. B. Brainstorming, Methode 635, Synektik). Externe Experten (Wissenschaftler, Berater, Industrieexperten) wählen bestimmte Beobachtungen aus und konfrontieren damit die Führungskräfte des Unternehmens in entsprechenden Workshops, um so gemeinsam neue Ansätze zu identifizieren (Beispiel: „Könnte der australische Ansatz zu Arbeitszeiten für unser Geschäft relevant sein und einen Wettbewerbsvorteil darstellen?“). Die auf diese – für Strategieberatungen typische – Weise ermittelten möglichen regelbrechenden Strategien, die ja aus anderen Umfeldern entstanden sind, müssen nun vor dem Hintergrund des eigenen Unternehmens überprüft werden.

Deshalb ist die Herausforderung des dritten Schritts (s. Abbildung 8), die innovativen Ansätze auf das gegenwärtige Geschäftssystem und die Unternehmenssituation zu übertragen, um auf diese Weise neue Strategien oder unternehmerische Opportunitäten zu entwickeln. Die involvierten Führungskräfte müssen eine interne Perspektive für die Ansätze entwickeln und somit zu einem „Intrapreneur“ werden, der – um beim Beispiel zu bleiben – neue Modelle zum Umgang mit Überkapazitäten erarbeitet (z. B. eine konzerneigene Gesellschaft, die flexible Arbeitszeitmodelle nach dem Muster der australischen Kupferminen durchführt, oder ein an Externe gerichtetes Leistungsangebot in der gemeinsamen Lagerhaltung nach dem Vorbild der indischen Lebensmittelproduzenten). Grundvoraussetzung für das Erreichen einer internen Perspektive und damit verbundener Business Opportunities ist, dass die Organisations- und Anreizstrukturen des Unternehmens entsprechend innovationsfördernd ausgestaltet sind. Am Ende dieses Schrittes verfügt das Unternehmen über innovative Business Opportunities, die es erst durch die Integration der branchenfremden Erkenntnisse entwickeln konnte. Einige Unternehmen wie z. B. Bertelsmann bieten hierzu Inkubator-Konzepte an: Mitarbeiter werden Intrapreneure mit der Aufgabe, ein neues Geschäftsmodell im Rahmen bestimmter Ressourcen (Zeit und Kapital), aber losgelöst von der Konzernorganisation, zu entwickeln.

Im vierten Schritt (s. Abbildung 8) müssen die in Schritt 3 entwickelten Business Opportunities und die dahinterliegenden regelbrechenden Strategien überprüft werden. Diese Evaluation kann nicht von

Mitgliedern des Unternehmens vorgenommen werden – zum einen, weil diese Führungskräfte in der Regel bereits aktiv an der Entwicklung der zu prüfenden Business Opportunities beteiligt sind; zum anderen, weil sie meist untereinander rivalisieren und so eine faire Evaluation behindern. Es läge also eine doppelte Befangenheit bei den Führungskräften vor. Eine bessere Vorgehensmöglichkeit ist die Evaluation durch mehrere neutrale und erfahrene Kapitalmarktexperten (Investmentbanker, Fondsmanager, Berater, Manager). Diese Experten müssen nach den ihnen zugänglichen Informationen und mithilfe ihrer Instrumente nur eine Frage beantworten: „Würden Sie in ein Unternehmen, das vorhat, die Regeln auf diese Art zu brechen, Ihr Geld investieren bzw. für dieses Unternehmen arbeiten?“ Die typische Frage also, die sich jeder Investor bei der Beurteilung eines neuen Geschäftsmodells stellt. Fällt die Bewertung positiv aus, hat man nicht nur die Ungewissheit bezüglich der Wirkung des inkonformen Verhaltens reduziert, sondern idealerweise auch schon einen Teil des notwendigen Kapitals und/oder Managements an Bord.

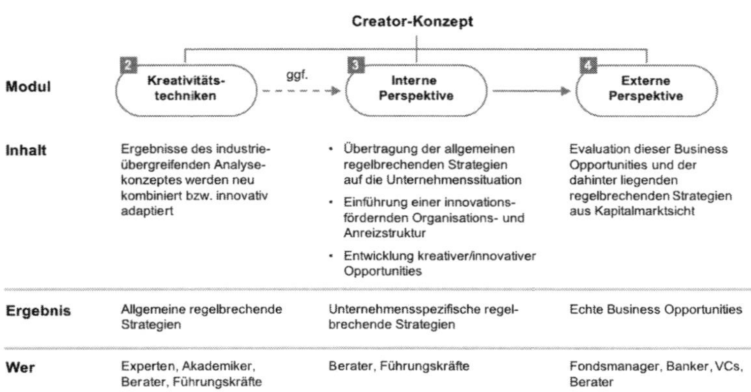

Abb. 8: Schritte 2 bis 4 – Nutzung des allgemeingültigen Analyseraums im Creator-Konzept

Regelbrüche sind das Schwungrad einer jeden Branche, und langfristig können nur regelbrechende Unternehmen mit großem Erfolg am Mark bestehen und Wettbewerbsvorteile genießen. Ein Regelbruch ist aber nicht mit 100-prozentiger Sicherheit erfolgreich. Der beschriebene Ansatz kann das Risiko eines Regelbruchs reduzieren, ohne dass dabei mehr Ressourcen investiert werden müssten, als ohnehin für die – oftmals nur verwaltende – Strategieentwicklung veranschlagt sind.

2 Strategische Bezugsrahmen: Die wichtigsten Instrumente zur Strategiefindung, ihre Grundlagen und ihre Vernetzung

Mintzberg belegte in Fallstudien, dass der Top-Manager kein strategischer, allwissender Planer sowie gleichzeitig Organisator, Koordinator und Kontrolleur sein kann, da ihm dafür die Zeit fehlt. Um richtige strategische Entscheidungen zu treffen, sollte er vielmehr Informationen teilen und ein Gesamtbild entwickeln.[1] Dieses Gesamtbild und die dafür notwendigen Informationen können mittels der Instrumente der Strategie-Inhalts-Forschung analysiert und bewertet werden. Die wichtigsten Instrumente zur Strategiefindung werden in diesem Kapitel vorgestellt. Sie werden auch Bezugsrahmen genannt, da es ihre Aufgabe ist, das Denken anzuregen und die Orientierung bei der Analyse von Strategien zu erleichtern. Des Weiteren gibt es die Strategie-Prozess-Forschung, die wir nur tangieren werden, da in ihrem Kern der bereits vorgestellte Ansatz der strategischen Planung steht.

Das primäre Ziel der insbesondere anglo-amerikanisch geprägten Strategie-Inhalts-Forschung ist ihre praktische Relevanz, d. h. sie will der Praxis anwendungsorientierte Instrumente zur Verfügung stellen. Dabei wird die „Performance“ (das Ergebnis) als empirisches Maß für Strategie angenommen, d. h. retrospektiv betrachtet weisen übernormale Renditen auf eine gute Strategie hin. Wenn also in einer Industrie ein Unternehmen permanent höhere Renditen erzielt als seine Wettbewerber, dann hat es die richtige Strategie gewählt. Durch Analyse der Vergangenheit des Unternehmens versucht die Forschung, Muster zu erkennen, um aus diesen Mustern Strategien und Instrumente abzuleiten. Es geht deshalb im Weiteren nicht um präskriptive Planung, sondern um deskriptive Analyse strategischer Perspektiven.

---

[1] Vgl. Mintzberg H., „Der Managerberuf: Dichtung und Wahrheit“ in: Harvard Business Manager, Oktober 2004, S. 72–89.

2.1 Die Notwendigkeit einer sauberen Strukturierung von Markt, Wettbewerb und eigenem Unternehmen

Vor dem Hintergrund der permanent steigenden Flut an Informationen und der Dynamisierung der internationalen Märkte wird es für Unternehmen immer schwieriger, die „richtige“ Strategie zu formulieren. Wie bereits gezeigt, eignet sich die strategische Planung zwar als Denkprozess, um alle Management-Schritte zu integrieren und organisiert abzubilden. Allerdings gibt sie keinen Hinweis, inwieweit die gewählte Strategie erfolgreich sein könnte – sie suggeriert den Entscheidern Sicherheit, garantiert aber kein Gelingen. Um sich der Frage des Erfolgs einer Strategie zu nähern, muss der Entscheider deshalb zunächst mittels strategischer Instrumente verschiedenste Perspektiven einnehmen. Erst danach ist ein Verständnis aller strategischen Ebenen gegeben, sodass eine qualitative Gesamtbeurteilung der Situation und damit auch eine Entscheidungsvorbereitung für die Strategiewahl annähernd objektiv vorliegen.

2.1.1 Interdependenzen der wichtigsten Ansätze

Die Abbildung 9 stellt die wichtigsten Bezugsrahmen und deren Interdependenzen dar. (Zukünftige) Unternehmensentwickler und Entscheider sollten sich zumindest über diese Ansätze sowie deren Konzeption, Inhalte und Aussagepotenziale bewusst sein.

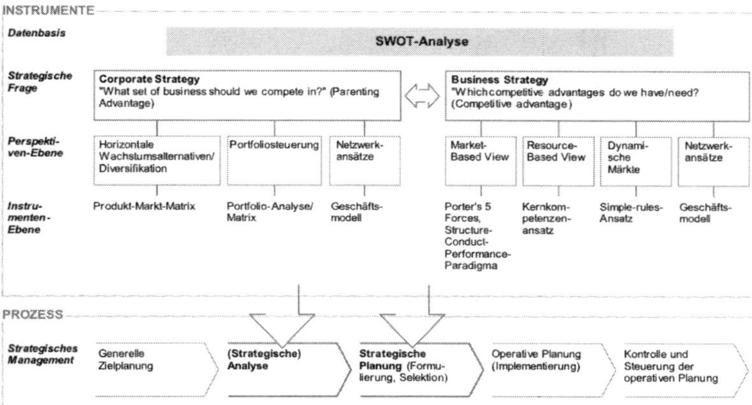

Abb. 9: Bezugsrahmen zur Betrachtung von Strategiealternativen[1]

Die in Abschnitt 2.1.2 vorgestellte SWOT-Analyse bildet dabei die Datengrundlage für alle weiteren Schritte – nur wenn sie exakt und äußerst gründlich durchgeführt wird, können die anderen Bezugsrahmen überhaupt genutzt werden. Auf ihrer Basis sollte im nächsten Schritt zum einen die Corporate Strategy (Unternehmensstrategie) und zum anderen die Business Strategy (Geschäftsfeldstrategie) betrachtet werden. Diese beiden strategischen Fragen gliedern sich auf in mehrere Perspektiven, die durch sieben verschiedene Instrumente, die im weiteren Verlauf dieses Teils dargestellt werden, erarbeitet werden. Auf den Prozess des strategischen Managements bezogen, finden diese Bezugsrahmen in der strategischen Analyse und Planung Anwendung, d. h. sie bilden den gesamten inhaltlichen Aspekt der Strategiefindung ab.

---

[1] Die englischen Fachbegriffe werden in den folgenden Ausführungen erläutert.

2.1.2 Die SWOT-Analyse der Harvard Business School – Datengrundlage aller interpretativen Instrumente zur Strategiefindung

Wenn eine Strategie gefunden werden soll, dann müssen in einem ersten Schritt zunächst alle notwendigen Informationen erhoben und analysiert werden. Vor dem Hintergrund der viel zitierten Informationsflut wird dies zu einer Sisyphusarbeit: Das Internet, Bibliotheken, Presseabteilungen von Konzernen sowie eine Flut interner Dokumente führen dazu, dass der Überblick und der Blick für das Wesentliche schnell verloren gehen. Der Bezugsrahmen der SWOT-Analyse stellt für diese Situation den grundlegenden Analyserahmen der Strategieforschung dar. Entwickelt wurde er in den 1960er-Jahren an der Harvard Business School[1], und Henry Mintzberg sieht heute „*... SWOT as underlying all attempts to formalize the strategy making process*“[2].

Dieser Bezugsrahmen unterteilt die vorhandenen Informationen in vier Bereiche: ***S****trengths* (Stärken), ***W****eaknesses* (Schwächen), ***O****pportunities* (Chancen) und ***T****hreats* (Bedrohungen/Risiken) – eine Strategie ist demnach das Resultat aus den Chancen und Risiken der technisch-ökonomischen Umwelt und den Stärken und Schwächen des Unternehmens.[3] Während die Stärken und Schwächen die interne Analyse des Unternehmens abbilden, stellen die Chancen und Risiken die externe Analyse des relevanten Marktes dar. Sie als Anwender sind somit zunächst nur dazu aufgefordert, alle gesammelten Informationen in diese vier Bereiche einzuordnen. Die tiefere Analyse und Interpretation erfolgt anschließend mit anderen Instrumenten, die auf diese Vorarbeit zurückgreifen.

---

[1] Für eine detaillierte Betrachtung s. Andrews K. R., The concept of corporate strategy (2. Aufl.), Homewood u. a. 1980.

[2] Vgl. Mintzberg H., The Rise and Fall of Strategic Planning, Hemel u. a. 1994.

[3] Teilweise werden auch die Interessen des Managements und die Anforderungen der Gesellschaft in die Betrachtung explizit aufgenommen. Davon soll allerdings an dieser Stelle abgesehen werden.

Es ist zu berücksichtigen, dass die SWOT-Analyse in der Anwendung sehr abstrakt bleibt, da ihre Ergebnisse rein deskriptiv sind und sie keine Empfehlungen gibt oder Prioritäten setzt.[1] Dies muss sie aber auch nicht; ihre Aufgabe ist es lediglich, die Entscheidungssituation strukturiert und damit auch weiterverwendbar abzubilden.

Das Beispiel in Abbildung 10 soll dies illustrieren: Ein Unternehmen produziert ein äußerst hochwertiges Produkt und sieht sich einer riesigen Nachfrage ausgesetzt. Diese Nachfrage kann es nicht befriedigen, da es Kapazitätsprobleme in der Produktion gibt. Das Risiko dabei ist, dass durch den Eintritt neuer Wettbewerber in den Markt auch Überkapazitäten entstehen, die zu Mengen- und Preisdruck führen. Diese wirklich nur auf vier Informationen reduzierte Beispielsituation veranschaulicht das Potenzial der SWOT-Analyse: Es liegt eine Struktur vor, aber es gibt keine Entscheidungshilfe. Ob das betroffene Unternehmen nun entweder die Kapazität ausweitet, mit der Gefahr, dass durch weitere Anbieter Überkapazitäten entstehen, oder ob es die Kapazität knapp hält, mit der Gefahr, dass Nachfrager auf neue Anbieter ausweichen, lässt sich erst mithilfe zusätzlicher Instrumente entscheiden. Die Strukturierung unzähliger Informationen auf eine gemeinsame Abstraktionsebene ist nur ein erster, jedoch sehr wichtiger Schritt, um die komplexe Situation annähernd zu verstehen und abzubilden.

[1] Für weitere Punkte s. Hill T. / Westbrook R., „SWOT Analysis: It's Time for a Product Recall“ in: Long Range Planning, Vol. 30 (1997), No. 1, S. 46–52.

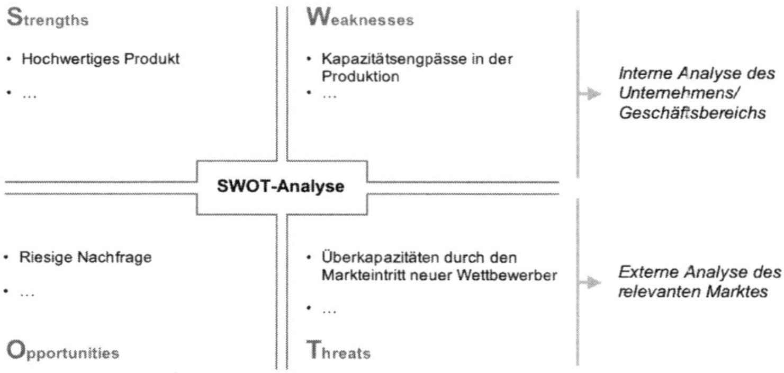

Abb. 10: Beispiel zur SWOT-Analyse

Für die Praxisanwendung sollten Sie folgende Punkte unbedingt berücksichtigen, da anderenfalls die Bezugsrahmen der strategischen Planung nur ungenügend angewendet und genutzt werden können – Gründlichkeit geht hier eindeutig vor Schnelligkeit:

- Halten Sie die Aussagen immer deskriptiv! Es ist sehr schwierig, bei der Zusammenfassung der gesammelten Informationen auf wenige Punkte nicht gleich in eine Interpretation zu gelangen, aber diese Bewertung bleibt den Instrumenten auf der Perspektiven-Ebene vorbehalten.
- Einige Punkte sind nicht immer eindeutig zuzuordnen! Die Aussage, dass 30 Prozent der deutschen Haushalte einen Breitbandzugang haben, kann eine Chance sein (noch 70 Prozent Marktpotenzial) oder ein Risiko (geringe Akzeptanz). Da Sie als Anwender bei der SWOT-Analyse nicht interpretieren sollen, müssen Sie die Aussage sowohl bei „Chance“ als auch bei „Risiko“ notieren.

- Konzentrieren Sie sich auf Informationen zur externen Analyse! Die meisten Unternehmen verharren auf der Ebene der internen Analyse, d. h in einer Inside-out-Perspektive, weil hierzu natürlich viele interne Dokumente vorhanden sind bzw. jeder Mitarbeiter eine Meinung zu Stärken und Schwächen hat. Die Gewinnung von externen Marktinformationen über das Internet etc. hinaus scheitert regelmäßig: Oftmals scheuen sich die beauftragten Personen, bei Wettbewerbern, Verbänden oder anderen Stellen anzurufen und unter der Angabe eines klugen Vorwandes (z. B. der Erstellung einer akademischen Arbeit) Informationen zu erfragen, die nicht öffentlich zugänglich sind. Allerdings entscheiden erst diese Informationen über die Qualität einer externen Analyse.
- Bleiben Sie trennscharf bei der Unterscheidung zwischen interner und externer Analyse! Viele Anwender verfallen gerne dem nahe liegenden Gedanken, dass Schwächen auch Chancen sind, und vermengen so interne und externe Punkte.[1] Dies darf allerdings nicht geschehen – „extern" bedeutet nun einmal die reine Marktsicht.

---

[1] Es ist schon erstaunlich, dass dies immer wieder vorkommt. Auch das geflügelte Wort der „Krise als Chance" beruht allein darauf, dass externe Risiken oder Veränderungen zu Unternehmenskrisen führen, die dann in Schwächen münden und die Chance für einen Neuanfang bieten. Es bietet sich also höchstens ein indirekter Zusammenhang, vgl. Bickhoff N. / Blatz M. / Eilenberger G. / Haghani S. / Kraus K.-J., Die Unternehmenskrise als Chance, Berlin u. a. 2004.

2.2 Die Analyse von Unternehmensstrategien

Die Unternehmensstrategie wird auch als *Corporate Strategy* oder *Enterprise Strategy* bezeichnet, und sie beantwortet die strategische Frage „*What set of business should we compete in?*“ („In welcher Auswahl von Geschäften/Märkten sollten wir aktiv sein?“) Das bedeutet: Sie untersucht und klärt auf einer Konzernebene, welche Geschäfte insgesamt geführt werden sollen. Das beste Beispiel hierfür sind die sogenannten Mischkonzerne wie General Electric oder Siemens, die eine Vielzahl an unterschiedlichen Geschäften – von Kraftwerksbau bis zu Kühlschränken – unter einem Dach vereinen. Im Fall juristisch eigenständiger Organschaften reden wir auch von einer Muttergesellschaft, die eine Anzahl von Tochtergesellschaften hat, die wiederum jeweils unterschiedliche Geschäfte betreiben. Zur ökonomischen Rechtfertigung der Muttergesellschaft muss diese ihren Töchtern einen *Parenting Advantage* (einen Elternvorteil) bieten. Solche *Parenting Advantages* sind z. B. Vorteile aus einer gemeinsamen Dachmarke, das Vorhalten von Führungsstrukturen und -systemen an einer Stelle statt in allen Gesellschaften, ein wertschaffendes Portfoliomanagement und andere Synergievorteile bzw. *Economies of Scope*. Bietet die Muttergesellschaft diesen Vorteil nicht, so muss ihre Rolle als strategische Holding infrage gestellt werden. In diesem Fall kann sie entweder als Finanzholding interpretiert oder im Falle großer, selbstständiger Tochtergesellschaften (zumeist börsennotierte oder börsenfähige AGs) abgeschafft werden. Der *Parenting Advantage* liegt also nur dann vor, wenn das Gesamtunternehmen mehr wert ist als die Summe eigenständiger Einzelunternehmen.

2.2.1 Horizontale Wachstumsalternativen: Die Produkt/ Markt-Matrix von Ansoff

Igor Ansoff hat 1957 erstmals Überlegungen zur Produkt/Markt-Matrix veröffentlicht.[1] Zur Beantwortung der zukünftigen Corporate Strategy liefert sein Ansatz die Perspektive der Wachstumsalternativen auf horizontaler (Konzern-) Ebene und führt die Möglichkeit der Diversifikation ein. Erster Ausgangspunkt von Ansoffs Überlegungen war, dass Unternehmen stark wachsen müssen, um ihre Position im Wettbewerb zu verbessern. Der zweite Ausgangspunkt war die Annahme, dass es ggf. Unwägbarkeiten in den vorhandenen Geschäften geben kann, sodass im Rahmen des Wachstums auch eine Streuung des Risikos (z. B. bei saisonalen Zyklen in den vorhandenen Märkten) sinnvoll sein kann.

Auf diesen beiden Überlegungen aufbauend entwickelte Ansoff unter Zuhilfenahme empirischer Daten die normative Produkt/Markt-Matrix. Basierend auf der Grundfrage "Welche Produkte sollen auf welchen Märkten angeboten werden?" stellt dieser Bezugsrahmen die vier generellen Wachstumsalternativen für die horizontale Strategie eines Unternehmens dar. Zur Konkretisierung dieses „Set of Business" wird zwischen gegenwärtigen und neuen Produkten sowie gegenwärtigen und neuen Märkten differenziert:

[1] Vgl. Ansoff I., „Strategies for Diversification" in: Harvard Business Review, S. 113–124 (1957) und auch Ansoff I., Corporate Strategy, New York 1965.

	Gegenwärtige Produkte	Neue Produkte
Gegenwärtige Märkte	***Marktdurchdringung*** Intensivierung der Marktbearbeitung, Relaunch, Imitation, Kosten- und Preissenkung, Unbundling (Marktführerschaft)	***Produktentwicklung*** Neuprodukte, neue Produktlinien, neue Dienstleistungen und/oder Problem- und Systemlösungen (Erweiterung der Wertschöpfungskette)
Neue Märkte	***Marktentwicklung*** Marktausweitung, neue Abnehmerschichten, neue Distributionskanäle, neue Verwendungszwecke (Realisierung von Skalen-Effekten)	***Diversifikation*** Neue Produkte für neue Märkte – vertikal – horizontal – Lateral (2. Standbein, Risikoausgleich)

Abb. 11: Die Produkt/Markt-Matrix

Das Feld links oben beschreibt den Ist-Zustand eines Unternehmens. Es hat entsprechend diesem Bezugsrahmen die vier prinzipiellen horizontalen Wachstumsalternativen der Marktdurchdringung, Marktentwicklung, Produktentwicklung und Diversifikation. Um diese Alternativen zu bewerten und damit eine Perspektive für die Unternehmensstrategie zu entwickeln, muss auf die deskriptiven Ergebnisse der SWOT-Analyse zurückgegriffen werden. Wenn es z. B. kaum Chancen auf anderen Märkten gibt und die eigene Produktkompetenz begrenzt ist, dann bietet sich die Strategie der Marktdurchdringung an. Das bedeutet: Die Geschäftsaktivitäten werden nicht erweitert, stattdessen wird der Status quo intensiver bearbeitet, um durch Relaunches, Preissenkungen etc. zu einer Marktführerschaft zu gelangen bzw. diese zu verteidigen.

Sind hingegen für die bestehenden Produkte gute Chancen auf anderen Märkten vorhanden, so sollte der Konzern eine Marktentwicklung betreiben. Dies bedeutet in der Regel eine geografische Ausdehnung des gegenwärtigen Marktes, es kann allerdings auch die

Erschließung neuer Kundengruppen im selben geografischen Markt bedeuten. In beiden Fällen bietet der Konzern seine bestehenden Produkte auf diesen neuen Märkten an, z. B. durch Gründung oder Kauf einer Auslands-Tochtergesellschaft. Ziel ist die Realisierung von Skalen-Effekten[1], indem die bestehenden Produktionskapazitäten durch die Marktausweitung und Gewinnung neuer Abnehmerschichten besser ausgelastet werden und die Fixkosten damit sinken.

Falls die Chancen auf anderen Märkten nicht gut sind, jedoch die eigene Produktkompetenz erweitert werden kann, so sollte das Unternehmen die Strategie der Produktentwicklung verfolgen: Den bestehenden Abnehmern oder geografischen Märkten werden entweder ganz neue Produkte (in der Regel durch Zukauf einer Tochtergesellschaft) oder auf dem bisherigen Leistungsspektrum aufbauende neue Produkt-linien oder Systemlösungen angeboten. Die Erweiterung der Wert-schöpfungskette (*Value Chain*) bzw. die Vorwärts- oder Rückwärts-integration steht bei dieser Strategie im Mittelpunkt des Wachstums.

Sollte die SWOT-Analyse zeigen, dass das Unternehmen in seinen Bestandsgeschäften erheblichen Risiken (z. B. saisonalen oder konjunkturellen Schwankungen) ausgesetzt ist, dann kann die Diversifikation eine geeignete Wachstumsstrategie sein. In diesem Fall sollen die vorhandenen Risiken in den aktuellen Märkten dadurch ausgeglichen werden, dass ein weiteres Standbein etabliert wird, das zu einem Risikoausgleich auf Konzernebene führt. Die laterale Diversifikation[2] bedeutet die völlige Loslösung von jedweder Kompetenz, indem vollkommen neue Produkte in vollkommen neuen Märkten angeboten werden. Die bereits angesprochenen Mischkonzerne sind Beispiele für Unternehmen, die dieses Prinzip verfolgen: Ein Kühlschrank und ein Kraftwerk haben weder produkt- noch marktseitig etwas gemeinsam – außer der Muttergesellschaft.

---

[1] Oder auch *Economies of scale* bzw. Größenvorteilen.

[2] Auf die beiden anderen Formen der Diversifikation (vertikal und horizontal) soll hier nicht weiter eingegangen werden, siehe z. B. Jacobs S., Strategische Erfolgsfaktoren der Diversifikation, Wiesbaden 1992.

Es ist offensichtlich, dass die Synergieleistung der Bestandsgeschäfte eines Konzerns abnimmt, je weiter sich die Strategie vom Status quo entfernt. Bei der lateralen Diversifikation gibt es keine Synergie zwischen den Geschäften, d. h. diese Strategie ist in ihrem Erfolg wesentlich gefährdeter – andererseits streut sie das Risiko am besten. Für Mischkonzerne bedeutet dies, dass sie ihre einzelnen Tochtergesellschaften sehr rigoros führen müssen, da diese sich nicht gegenseitig unterstützen. General Electric z. B. lebt diesen Gedanken dadurch, dass dort eine Tochtergesellschaft nur dann im Portfolio behalten wird, wenn diese nachhaltig die Nummer eins oder Nummer zwei im Markt ist. Ist dies nicht (mehr) der Fall, wird die Tochtergesellschaft abgestoßen – durch diese Strategie der Marktführerschaft aller Tochtergesellschaften ist General Electric als Mischkonzern zu einem der fünf wertvollsten Unternehmen der Welt geworden und es geblieben.[1]

2.2.2 Portfoliosteuerung: Die Portfolio-Analyse (-Matrix)

Ergänzend zu Ansoffs Perspektive auf Wachstumsalternativen bietet die Portfolio-Analyse und -Matrix eine Perspektive zur aktiven Bewertung und Steuerung des vorhandenen Portfolios. Es sind beides parallel zu nutzende Bezugsrahmen, die in Kombination zu einem Vorschlag für die zu wählende Corporate Strategy gelangen.

Die Portfolio-Analyse betrachtet aus Unternehmensperspektive alle strategischen Geschäftsfelder bzw. Tochtergesellschaften eines Konzerns, bewertet diese ganzheitlich und plant darauf aufbauend die Ressourcenzuteilung und damit auch die Corporate Strategy. Ihren Ursprung hat sie in der finanzwirtschaftlichen Analyse von Markowitz (1952), bei der eine optimale Verzinsung erreicht werden soll. Ziel der Portfolio-Analyse ist es also, eine möglichst hohe Rendite bei möglichst geringem Risiko zu erzielen und die dafür erforderlichen strategischen Geschäftsfelder zu führen bzw. aufzubauen. Die

[1] GE ist oftmals sogar das wertvollste Unternehmen der Welt, wird aber immer wieder – je nach Rohölpreisen oder Technologie-Innovationen – von Microsoft oder Exxon abgelöst.

Muttergesellschaft wird damit zu einem mittel- bis langfristig orientierten Investor, der ähnlich wie ein Aktionär einzelne Anteile bzw. Tochtergesellschaften entsprechend seiner Rendite/ Risiko-Präferenzen im Portfolio hält.

Die Analyse wird in einer Portfolio-Matrix abgebildet, die zumeist die Stärken und Schwächen den Chancen und Risiken gegenüberstellt. Damit fließen die deskriptiven Ergebnisse der SWOT-Analyse direkt in die Portfolio-Matrix ein. In der Regel werden Attribute der Marktstärke (auch Wettbewerbsstärke) mit Attributen der Marktattraktivität in der Matrix kombiniert, um so zu vier (oder mehr) Normstrategien zu gelangen. Bei einer strategischen Portfolio-Matrix ist immer zu beachten, dass die eine Achse interne und die andere Achse externe Kriterien abbildet. Nur in diesem Fall sind die Attribute voneinander vollkommen unabhängig, und der gesamte Portfolioraum kann genutzt bzw. ausgefüllt werden. In der praktischen Anwendung sind immer wieder Portfolios zu finden, die voneinander abhängige Achsen-Kriterien (d. h. zwei externe oder zwei interne Merkmale) verwenden. Aufgrund der Interdependenz ergibt sich eine automatische Regression – der Raum des Portfolios kann nicht vollständig genutzt werden und die strategische Aussagekraft ist deutlich beeinträchtigt.

Bruce Henderson entwickelte Ende der 1960er-Jahre die bekannteste Portfolio-Matrix, die auch BCG-Matrix genannt wird.[1] Sie beruht auf drei wesentlichen theoretischen Grundlagen, die ihr zu einer signifikanten Aussagekraft auf strategischer Ebene verhelfen (sofern sich der Anwender über diese Grundlagen bewusst ist).[2]

Im Rahmen seiner Tätigkeit untersuchte Henderson die Halbleiter-Industrie in den USA. Dabei entdeckte er im Rahmen quantitativ-empirischer Forschung die folgende, inzwischen als Erfahrungskurve bekannte Gesetzmäßigkeit: Sie besagt, dass mit jeder Verdopplung

---

[1] BCG steht für Boston Consulting Group, die von Henderson gegründet wurde.

[2] Siehe zu den folgenden Ausführungen von Oetinger B., Das Boston Consulting Group Strategie-Buch, Düsseldorf 2000.

des relativen Marktanteils die relativen Kosten um mindestens 20 Prozent sinken. Der relative Marktanteil wird als Quotient aus eigenem Marktanteil und dem Marktanteil des größten Wettbewerbers errechnet – eine Steigerung dieses Quotienten bedeutet, dass die kumulierte Produktionsmenge deutlich wächst und damit Lerneffekte bei der Durchführung der Betriebstätigkeit eintreten, die zu entsprechenden Kostenvorteilen führen.[1] Die Erfahrungskurve ist seit ihrer Entdeckung durch Henderson in unzähligen Arbeiten zu den verschiedensten Industrien bestätigt worden, sodass sie heutzutage als weithin anerkannte ökonomische Gesetzmäßigkeit gilt. Im Rahmen der BCG-Matrix stellt sie die erste theoretische Grundlage dar, und der relative Marktanteil reflektiert in der BCG-Matrix das Attribut der Marktstärke eines Unternehmens, d. h. der internen Stärken- und Schwächen-Analyse. Je besser ein Unternehmen hier positioniert ist, desto größer sind seine Kosten- und Margenvorteile, desto größer ist seine Marktstärke.

Die zweite theoretische Grundlage der BCG-Matrix ist das 4-Phasen-Lebenszykluskonzept: Junge Märkte wachsen sehr stark und erfordern somit erhebliche Investitionen für Forschung & Entwicklung, Kapazitätsaufbau, Branding, Personal etc. Reife und saturierte Märkte wachsen langsamer und erfordern eher geringere Erhaltungsinvestitionen. Das Marktwachstum reflektiert in der BCG-Matrix das Attribut der Marktattraktivität des relevanten Marktes, d. h. der externen Chancen-und-Risiken-Analyse. Junge Märkte sind dementsprechend prinzipiell attraktiver, sie erfordern allerdings eine erhebliche Investitionstätigkeit und sind damit auch mit Risiken behaftet.

---

[1] Erfahrungskurveneffekte beziehen die Stückkosten auf die kumulierte Menge, Betriebsgrößenersparnisse (*Economies of scale*) beziehen die Stückkosten auf die Mengeneinheiten je Zeiteinheit. Dies ist eine wichtige Unterscheidung, denn damit stehen Erfahrungskurveneffekte auch kleinen Unternehmen zur Verfügung, die lange am Markt sind – z. B. dem lokalen Schuster. Betriebsgrößenersparnisse hingegen haben nur größere Unternehmen, die z. B. die vorhandenen Produktionskapazitäten besser auslasten. Selbstverständlich liegen bei diesen größeren Unternehmen somit auch Erfahrungskurveneffekte vor.

Dritte und entscheidende theoretische Grundlage der BCG-Matrix ist die Verwendung des freien Cashflows (FCF) als Zielkriterium des Portfolios. Nicht der Gewinn, sondern die frei verfügbaren liquiden Mittel sollen optimiert werden: Der FCF ist definiert als der Cashflow abzüglich der betriebsnotwendigen Investitionen[1], und er stellt die Liquidität dar, die über einen marktadäquaten Betrieb der Unternehmung hinaus verfügbar sind. Diese Liquidität kann z. B. ausgeschüttet werden oder für Diversifikationen, Zukäufe etc. eingesetzt werden. In der BCG-Matrix wird der freie Cashflow ermittelt über den relativen Markanteil, der die Cash-Freisetzung bestimmt, und das Marktwachstum, das den Cash-Verbrauch (also die betriebsnotwendigen Investitionen) bestimmt.

Ein diversifiziertes Unternehmen kann mithilfe des BCG-Portfolios fundiert seine Geschäftsfelder analysieren und die Zuteilung der Investitionen auf die produktivsten Einsatzfelder planen. Die folgende Standardmatrix soll die weiteren Überlegungen veranschaulichen:

[1] In erster Näherung kann man den Cashflow schnell aus der Gewinn-und-Verlust-Rechnung als Jahresergebnis zzgl. Abschreibungen ermitteln.

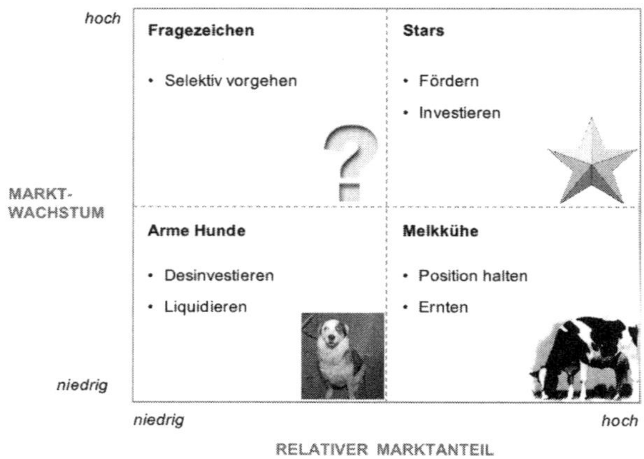

Abb. 12: Die Portfolio-Matrix der Boston Consulting Group

Eine „Melkkuh" („Cash Cow") verfügt über einen hohen relativen Marktanteil in einem reifen Markt, d. h. die Freisetzung ist größer als der Verbrauch von Cash. Entsprechend sollte die Position des Geschäftsfelds durch Ersatzinvestitionen gehalten werden, um die liquiden Mittel zu „ernten".

„Sterne" besitzen ebenfalls einen hohen relativen Marktanteil, befinden sich allerdings noch in stark wachsenden Märkten. Damit wird die Cash-Freisetzung durch den Verbrauch ausgeglichen. Sterne sollten auf jeden Fall mit frei verfügbaren Mitteln gefördert werden, da sich durch diese Investitionen aus den Sternen im Laufe der Zeit Melkkühe entwickeln können.

Geschäftsfelder, die im Feld des „Fragezeichens" liegen, verbrauchen durch das starke Marktwachstum mehr Cash, als sie mit ihrem niedrigen relativen Marktanteil generieren können. Bei diesen Geschäftsfeldern muss das Unternehmen selektiv vorgehen, d. h. je nach Zukunftsperspektive das Geschäftsfeld entweder fördern oder abstoßen. In jedem Fall erfordern Fragezeichen die schnellste Entscheidung und Handlung, da sie liquide Mittel verbrauchen.

„Arme Hunde" befinden sich mit einem niedrigen relativen Marktanteil in reifen Märkten, d. h. sie verbrauchen nicht viel Cash, setzen jedoch auch nicht viel liquide Mittel frei und binden darüber hinaus Management-Ressourcen der Muttergesellschaft bzw. des Konzerns. Diese Geschäftsfelder sollten deshalb vorzugsweise desinvestiert, d. h. an andere Unternehmen verkauft werden. Gelingt dies nicht, sollten sie liquidiert, d. h. geschlossen werden.

Ein Unternehmen sollte über ein ausgewogenes Portfolio verfügen. Dazu muss es über Scoring-Modelle oder direkte Messung beurteilen, wo ein Geschäftsfeld auf den Achsen zwischen niedrig und hoch positioniert ist. Durch die so ermittelten Koordinaten der beiden Achsen kann das Geschäftsfeld als Punkt im Portfolio eingezeichnet werden. Nachdem sämtliche Geschäftsfelder eingezeichnet sind, kann das Portfolio des Unternehmens als Ganzes beurteilt und entwickelt werden. Ein ausgewogenes Portfolio weist einige Melkkühe, starke Sterne und potenzialfähige Fragezeichen auf und verfügt darüber hinaus über einen insgesamt positiven freien Cashflow. Die Melkkühe setzen die liquiden Mittel frei, mit denen die Sterne und Fragezeichen gefördert werden können. Der restliche freie Cashflow kann dazu verwendet werden, einzelne Geschäfte noch stärker zu fördern oder weitere Potenzial-Geschäftsfelder (zumeist Fragezeichen) aufzubauen.

Alle drei Typen sind für ein ausgewogenes Portfolio notwendig, da bedingt durch den Lebenszyklus die Melkkühe in der Regel degenerieren und die Sterne im Laufe ihres Lebenszyklus dann zu Melkkühen werden. Und nur aus potenzialfähigen Fragezeichen können sich im Laufe der Zeit Sterne entwickeln. Verfügt ein Unternehmen also nur über Melkkühe, so generiert es viel Cash, hat allerdings keine zukunftsfähigen Geschäftsfelder – die verfügbaren Mittel sollten sofort zum Ausgleich des Portfolios durch Entwicklung oder Zukauf von Fragezeichen und Sternen genutzt werden. Arme Hunde haben in einem ausgewogenen Portfolio keinen Platz: Auch wenn sie cash-neutral sind, binden sie Management-Kapazitäten und können z. B. zu Imageproblemen für die Muttergesellschaft führen.

Mit der Portfolio-Matrix ist es möglich, auf einen Blick eine Aussage über die Situation des Unternehmens zu machen und Handlungsbedarfe zu erkennen. Ist das Portfolio aufgrund fehlender Sterne nicht ausgewogen, so kann die Unternehmensstrategie in Kombination mit den Überlegungen von Ansoffs Produkt/Markt-Matrix erarbeitet werden: Welche horizontale Strategie gleicht das Portfolio durch die Schaffung von potenzialfähigen Fragezeichen oder Sternen aus – oder anders ausgedrückt: „*What set of business should we compete in?*“

2.3 Die Analyse von Geschäftsfeldstrategien

Geschäftsfeldstrategien befassen sich mit dem Aufbau von Wettbewerbsvorteilen in den einzelnen strategischen Geschäftsfeldern. Sie versuchen die Frage zu beantworten: „*Which competitive advantages do we need or do we have?*" („Welche Wettbewerbsvorteile brauchen oder haben wir?").

Die entscheidenden Wettbewerbsvorteile können zum einen marktorientiert entwickelt werden. Dieser Fall wird auch als *Market-Based View (MBV)* bezeichnet. Dabei geht es um die Chancen und Risiken auf den Märkten, d. h. es fließen auch ausschließlich diese deskriptiven Ergebnisse der SWOT-Analyse ein. Mit anderen Worten handelt es sich um einen Ansatz der Outside-in-Perspektive: Die Positionierung in der Markt- bzw. Wettbewerbsumwelt ist die entscheidende Determinante für den Unternehmenserfolg (Konzept des *„Strategy as Positioning"*[1]). Der Kunde, der Markt oder die Branche stehen im Fokus, und die zentralen Fragen lauten: Was muss ich anbieten, um erfolgreich zu sein? Welche Wettbewerbsvorteile brauche ich dafür? Die vorhandenen Kompetenzen sind in dieser Betrachtung nicht entscheidend.

Zum anderen können die entscheidenden Wettbewerbsvorteile auch ressourcenorientiert entwickelt werden: Der *Resource-Based View (RBV)* steht hierfür als Synonym, es geht nur um die Stärken und Schwächen des Unternehmens und die deren Beurteilung zugrunde liegenden deskriptiven SWOT-Ergebnisse. Eine solche Inside-out-Perspektive sucht – basierend auf den unternehmensspezifischen Ressourcen – die Märkte, auf denen mit diesen Kompetenzen die höchsten Renditen erzielt werden können. Die zentrale Frage lautet hier: Welche Wettbewerbsvorteile habe ich? Chancen außerhalb der eigenen Unternehmenswelt werden nicht betrachtet. Diese Perspektive wird im Konzept des „*Strategy as Stretch and Leverage*" berücksichtigt, bei dem kaum erreichbare Ziele gesetzt werden (*stretch*), die

[1] Vgl. z. B. Brews P. J., a.a.O.

durch innovative Nutzung der Ressourcen erreicht werden sollen (*leverage*).[1]

Im Weiteren betrachten wir den MBV anhand des Structure-Conduct-Performance-Paradigmas sowie Porter's Five Forces. Der Kernkompetenzen-Ansatz dient im Anschluss zur Erklärung des RBV.

2.3.1 Market-Based View: Das Structure-Conduct-Performance-Paradigma und Porter's Five Forces

Grundlage für die Überlegungen des MBV stellt das industrieökonomische Structure-Conduct-Performance-Paradigma dar.[2] In ihm wird konstatiert, dass die Branche und deren Struktur entscheidend für das Verhalten der Marktteilnehmer und das Marktpotenzial sind (s. Abbildung 13). Oligopolistische Marktstrukturen führen demnach zu anderen Verhaltensweisen als ein Polypol, da Oligopole die Chance haben, sich durch angepasste Verhaltensweisen hohe Renditen zu sichern. Polypolistische Strukturen sind hingegen sehr wettbewerbsintensiv und resultieren in geringeren Renditen. Selbstverständlich gibt es rekursive Prozesse, d. h. hohe Renditen erhöhen die Wahrscheinlichkeit eines Eintritts neuer Anbieter und führen damit zu veränderten Marktstrukturen und somit auch zu verändertem Marktverhalten und anderen Marktergebnissen.

---

[1] Vgl. z. B. Brews P. J., a.a.O.

[2] Vgl. hierzu z. B. Scherer F., Industrial Market Structure and Economic Performance (2. Aufl.), Chicago 1980, oder auch Bain J., Barriers to New Competition, Cambridge (MA) 1956.

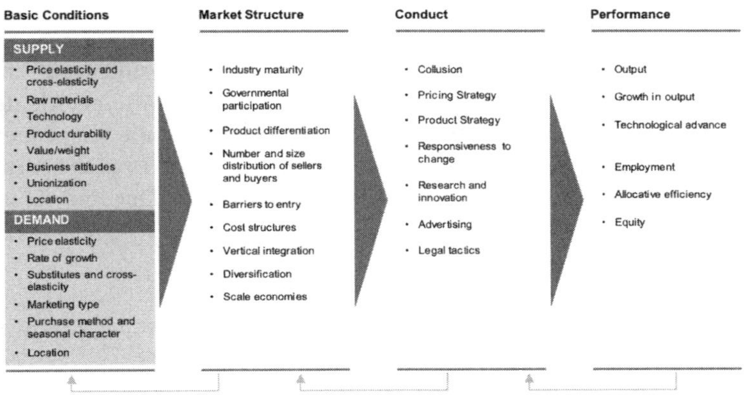

Abb. 13: Das industrieökonomische Structure-Conduct-Performance-Paradigma[1]

„Sag mir, in welcher Branche du bist, und ich sage dir, was du verdienst." Dieser Satz umschreibt sehr treffend den Grundgedanken dieses Bezugsrahmens. Die Stahlindustrie war Anfang der 1990er-Jahre durch geringe Nachfrage und hohe Kapazitäten gekennzeichnet – entsprechend schlecht waren die Renditen. Nur durch einen „Nachfrageschock" seitens Indien und China haben sich die Marktstrukturen derart verändert, dass inzwischen wieder hohe Renditen zu erzielen sind. Andererseits erzielen internationale Mineralölkonzerne seit Jahrzehnten hervorragende Renditen in ihrem Oligopol, das aufgrund der hohen Anlaufinvestitionen bestens vor Eintritten neuer Wettbewerber geschützt ist. Der MBV fordert entsprechend, dass sich ein Einzelunternehmen auf den Märkten umschaut und diejenigen mit den besten Renditen auswählt. Diesen Auswahlprozess hat Michael Porter mit seinem Ansatz der „Five Forces" auf Basis des Structure-

[1] Scherer F., a.a.O.

Conduct-Performance-Paradigmas strukturiert aufbereitet, um den Unternehmen detailliert zu zeigen, welche Positionierungsmöglichkeiten und Strategien vor dem Hintergrund der Chancen und Risiken eines Marktes möglich sind.

Dabei nutzt Porter das Kriterium der Wettbewerbsintensität und wendet es auf die fünf grundlegenden Wettbewerbskräfte an, die den Markt und sein Umfeld strukturieren.[1] Je intensiver die zusammengefasste Wettbewerbsstärke in diesen Feldern einer Branche, desto geringer ist das Gewinnpotenzial (und umgekehrt). Die fünf Triebkräfte sind

- der Wettbewerb in der Branche,
- die Verhandlungsstärke der Lieferanten,
- die Verhandlungsstärke der Abnehmer,
- die Bedrohung durch neue Anbieter,
- die Bedrohung durch Substitutionsprodukte.

Mit Hilfe dieser Triebkräfte können die Wertschöpfungskette und das externe Umfeld eines Unternehmens bzw. ein potenzieller Markt perfekt strukturiert und analysiert werden. Die folgende Abbildung[2] weist die typische Darstellung nach Porter auf und bildet darüber hinaus die wichtigsten Determinanten bzw. Kriterien ab, anhand derer die Wettbewerbsintensität analysiert und bewertet werden kann.

---

[1] Vgl. zu diesem Abschnitt Porter M., Wettbewerbsstrategie, Frankfurt/Main u. a. 1999, und Porter M., „Towards a dynamic theory of strategy“ in: Strategic Management Journal 12 (1991), S. 95–117.

[2] Hutzschenreuter T., Wachstumsstrategien, Wiesbaden 2001, S. 137.

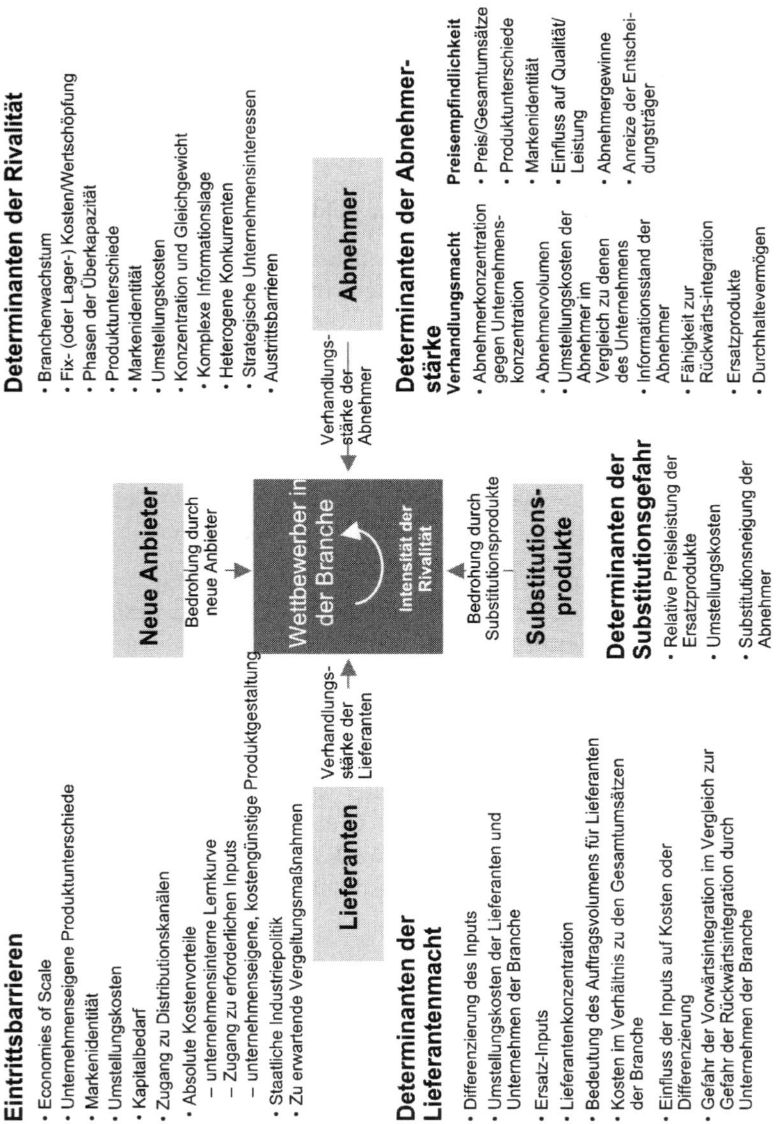

Abb. 14: Porter's Five Forces – Modell zur Analyse einer Branchenstruktur

Die in der SWOT-Analyse ermittelten deskriptiven Ergebnisse für die externen Chancen und Risiken werden mittels Porters Systematik auf die fünf Triebkräfte angewendet, um eine Bewertung der Wettbewerbsintensität vorzunehmen. Dabei werden die einzelnen Determinanten bzw. Kriterien einzeln untersucht und qualitativ bewertet, indem sie nach dem Schema „Je ..., desto ...“ in Relation gesetzt werden. Einige Beispiele entlang der Felder:

- Je stärker das Branchenwachstum ist, desto geringer sind der Wettbewerb und die Wettbewerbsintensität.
- Je geringer der Kapitalbedarf ist, desto größer sind die Markteintrittsmöglichkeit und die Wettbewerbsintensität.
- Je höher die Lieferantenkonzentration ist, desto größer sind die Lieferantenabhängigkeit und die Wettbewerbsintensität.
- Je geringer das Abnehmervolumen ist, desto geringer sind die Abnehmerabhängigkeit und die Wettbewerbsintensität.
- Je größer die Umstellungskosten sind, desto geringer ist die Bedrohung durch Substitutionsprodukte und desto geringer ist die Wettbewerbsintensität.

Auf diese Art und Weise sollten möglichst viele der Determinanten untersucht und bewertet werden. Nicht immer liegen die Informationen aus der SWOT-Analyse umfassend vor, sodass möglicherweise auch einige Kriterien nicht verwendet werden können. Nach Durchführung der Bewertung kann das Unternehmen erkennen, welche Felder und Kräfte den Wettbewerb besonders treiben und wie hoch insgesamt die Wettbewerbsstärke und damit das Gewinnpotenzial der Branche sind.

Sofern das Unternehmen sich aufgrund dieses Potenzials entschließt, in der Branche zu bleiben oder in sie einzutreten, kann es über die einzelnen Determinanten identifizieren, welche Wettbewerbsvorteile in der Branche erforderlich sind. Porter bezeichnet dies auch als Wettbewerbsstrategie und bietet dafür zwei Alternativen an: In der defensiven Alternative findet das Unternehmen im bestehenden Markt über den Aufbau der benötigten Wettbewerbsvorteile eine

Position, in der es sich optimal gegen die Wettbewerbskräfte schützen kann. In der offensiven Alternative hingegen versucht das Unternehmen, das Kräftegleichgewicht des bestehenden Marktes zu beeinflussen bzw. den Wandel von Wettbewerbsgrundlagen auszunutzen, um so für die Branche neue Wettbewerbsvorteile zu schaffen und sich dort zu etablieren.

Zur erfolgreichen Auseinandersetzung mit den fünf Wettbewerbskräften und zur Durchsetzung der Wettbewerbsstrategie nennt Porter für beide Alternativen drei generische Strategietypen. Demnach sollten Unternehmen ihre Marktpositionierung entweder über Kostenführerschaft oder über Differenzierung oder mittels der Konzentration auf Marktnischen anstreben. Eine Strategie zwischen Kostenführerschaft und Differenzierung gilt als Strategie zwischen den Stühlen („*stuck in the middle*"), die langfristig nicht erfolgreich sein kann.

2.3.2 Resource-Based View: Der Kernkompetenzen-Ansatz

Zehn Jahre nach Porter's Five Forces wurde als Gegenperspektive der Kernkompetenzen-Ansatz vorgestellt[1], der im Mittelpunkt der Überlegungen des RBV steht. Dieser Bezugsrahmen analysiert die Stärken und Schwächen eines Unternehmens und besagt, dass es bestimmte Kernkompetenzen gibt, die einen Wettbewerbsvorteil ausmachen. Diese Kernkompetenzen können Ressourcen, Fähigkeiten oder allgemeine Aktivposten (Aktiva) sein, und ein Unternehmen muss die Märkte suchen, auf denen es auf Basis dieser Kernkompetenzen die höchsten Renditen erzielen kann. Eine Kernkompetenz muss bestimmte Voraussetzungen erfüllen[2]:

---

[1] Vgl. hierzu Prahalad C. / Hamel G., „The Core Competence of the Corporation" in: Harvard Business Review, May-June 1990, S. 79–91.

[2] Vgl. hierfür zu Knyphausen-Aufseß D., „Strategisches Management" in: G. Schreyögg / A. von Werder (Hrsg.): Handwörterbuch Unternehmensführung und Organisation (4. Aufl.), Stuttgart 2003.

- Sie muss werthaltig – d. h. knapp und nicht substituierbar – sein.
- Sie muss heterogen und immobil – d. h. differenzierend und nicht übertragbar – sein.
- Sie muss dem Unternehmen zugänglich sein – d. h. ihre Nutzung kann dem Unternehmen nicht verweigert werden.
- Sie darf nicht imitierbar sein – d. h. sie muss wirklich einzigartig sein.

Der Kernkompetenzen-Ansatz fand in den 1990er-Jahren eine große Anhängerschaft, und auch heute noch ist der Begriff der Kernkompetenz eine feste Größe in der Unternehmens- und Beratungspraxis. In der Strategieforschung hingegen hat sich die praktische Relevanz des Ansatzes deutlich relativiert. Unter dem Begriff der „kausalen Ambiguität von Wettbewerbsvorteilen" verbirgt sich die folgende Überlegung[1]: Wenn es einem Unternehmen, einem Berater oder Wissenschaftler gelänge, eine Kernkompetenz eines Unternehmens exakt zu identifizieren, dann doch nur, um diese Kernkompetenz breiter einzusetzen. Damit wird allerdings die Forderung der Nicht-Imitierbarkeit verletzt, und die vermeintliche Kernkompetenz kann von der Konkurrenz ebenfalls aufgebaut werden. In der praktischen Anwendung sollte deshalb besser von strategischen Kompetenzen gesprochen werden, die für das Unternehmen Wettbewerbsvorteile ausmachen, und die einige, jedoch nicht alle der Forderungen für Kernkompetenzen erfüllen. Dies soll aber nicht implizieren, dass es keine Kernkompetenzen gibt: Die Stärke dieses Bezugsrahmens liegt darin zu verdeutlichen, dass es z. B. bestimmte organisatorische Fähigkeiten eines Unternehmens gibt, die zu Vorteilen gegenüber dem Wettbewerb führen. Wichtig ist, dass trotz ihrer Existenz diese Vorteile nicht detailliert erkannt und reproduziert werden können. Ein Unternehmen sollte also zur Einnahme einer ressourcenorientierten Perspektive die eigenen Stärken und Schwächen aus der SWOT-Analyse entlang der vier Kernkompetenz-Merkmale untersuchen, um

[1] Vgl. zu Knyphausen-Aufseß D., „Strategisches Management", a.a.O.

die strategischen Kompetenzen zu ermitteln: Wenn die eine oder andere Bedingung erfüllt ist (oder dies gar für mehrere gilt), handelt es sich um eine strategische Kompetenz, die einen Wettbewerbsvorteil verspricht.

2.3.3 Dynamische Märkte: Der Simple-rules-Ansatz

Die Entwicklung von MBV und RBV vollzog sich vor dem Hintergrund „klassischer" Märkte. Angesichts zunehmender Dynamik der Märkte und Umwelten in Zeiten steigender Technologisierung und Vernetzung verloren diese beiden Perspektiven und ihre Strategieempfehlungen jedoch mehr und mehr an Bedeutung; sie waren zu langsam, um in schnellen Märkten Wettbewerbsvorteile aufzubauen. Kathleen Eisenhardt führte Ende der 1990er-Jahre umfangreiche Fallstudien durch und fand heraus, dass erfolgreiche Unternehmen in schnellen Märkten nicht mit komplexen Strategieinstrumenten, sondern mit einfachen Regeln („*Simple Rules*") und wenigen Kernprozessen arbeiten. Diese einfachen Regeln lassen sich in fünf Kategorien einordnen[1]:

1. *How-to-rules* definieren, wie ein Unternehmen seine Kernprozesse ausüben soll und wie diese einzigartig sein können.
2. *Boundary rules* setzen Leitplanken dafür, welche Geschäftsmöglichkeiten Manager eingehen sollten und welche nicht.
3. *Priority rules* helfen Managern, die wahrgenommenen Geschäftsmöglichkeiten in eine Rangfolge zu setzen.
4. *Timing rules* synchronisieren die Dynamik von Märkten und Geschäftsmöglichkeiten mit internen Prozessen wie z. B. der Produktentwicklung.
5. *Exit rules* disziplinieren die Manager darin, sich aus veralteten Geschäftsmöglichkeiten rechtzeitig zu verabschieden.

---

[1] Siehe hierzu Eisenhardt K. / Sull D., „Strategy as simple rules" in: Harvard Business Review, January 2001, S. 107–116.

Der Simple-rules-Ansatz bietet somit einen speziellen Bezugsrahmen an, der weder auf Positionierungs- noch auf Ressourcen-Aspekten aufbaut, sondern das Ergreifen, Durchführen und Verlassen von kurzfristigen Geschäftsmöglichkeiten in den Vordergrund stellt. Aus der SWOT-Analyse werden sowohl die Chancen und Risiken als auch die Stärken und Schwächen verwendet und hinsichtlich der Marktdynamik sowie der internen Prozesse und Regeln interpretiert. Die folgende Abbildung verdeutlicht die Abgrenzung dieses Ansatzes von den beiden anderen und ermöglicht eine Charakterisierung aller Ansätze anhand von acht Kriterien:

	Positions	Resources	Simple Rules
Strategic logic	• Establish position	• Leverage resources	• Pursue opportunities
Strategic steps	• Identify an attractive market • Locate a defensible position • Fortify and defend	• Establish a vision • Build resources • Leverage across markets	• Jump into the confusion • Keep moving • Seize opportunities • Finish strong
Strategic question	• Where should we be?	• What should we be?	• How should we proceed?
Source of advantage	• Unique, valuable position with tightly integrates activity system	• Unique, valuable, inimitable resources	• Key processes and unique simple rules
Works best in	• Slowly changing, well-structures markets	• Moderately changing, well-structures markets	• Rapidly changing, ambiguous markets
Duration of advantage	• Sustained	• Sustained	• Unpredictable
Risk	• It will be too difficult to alter position as conditions change	• Company will be too slow to build new resources as conditions change	• Managers will be too tentative in executing on promising opportunities
Performance goal	• Profitability	• Long-term dominance	• Growth

Abb. 15: Vergleich von MBV, RBV und Simple-rules-Ansatz[1]

[1] Eisenhardt K. / Sull D., a.a.O., S. 109.

Während MBV und RBV in eher langsamen Märkten nachhaltige Strategien und Wettbewerbsvorteile – entsprechend den bereits vorgestellten inhaltlichen Konzeptionen – verfolgen, ist der Simple-rules-Ansatz durch die permanente Suche nach den besten Möglichkeiten und „exits" sehr kurzfristig orientiert. Alle drei Ansätze besitzen allerdings dieselbe Risikotypologie: Einmal erfolgreich, wird es der Organisation bzw. den Führungskräften schwerfallen, sich den neuen Gegebenheiten anzupassen oder die Märkte sogar zu verlassen. Die Tatsache, dass Erfolg träge machen kann, ist somit unabhängig von der strategischen Perspektive oder der Marktdynamik.

2.4 Netzwerkansätze: Das Geschäftsmodell – integrativer Bezugsrahmen zur Beschreibung einer Strategie

„*Nobody really knows what strategy is!*" – Lässt sich das Einstiegszitat dieses Buches nach den bisher dargestellten Bezugsrahmen widerlegen, d. h. wissen wir jetzt, was Strategie ist? Mintzberg nennt unter anderem die folgenden Aspekte zur Charakterisierung der Strategie[1], die einige Gedanken der Bezugsrahmen zusammenfassen:

- Strategie ist ein Handlungsplan – hier zeigt sich das aktivistische Prinzip der „*Strategy as Formal Planning*".
- Strategie ist ein Muster konsistenter Handlungen – dies ist die deskriptive Perspektive der US-amerikanisch geprägten Strategieforschung.
- Strategie ist eine Position im Wettbewerbsgefüge – bei dieser Aussage zeigt sich das Konzept des MBV.
- Strategie ist eine Perspektive (also von innen nach außen) – dies gilt prinzipiell für alle Bezugsrahmen, kann jedoch auch als besonderer Ausdruck des RBV verstanden werden.

Fazit ist somit, dass wir über die Bezugsrahmen bisher verschiedene Instrumente und Prozesse zur Strategieformulierung erhalten haben, allerdings keine „Erleuchtung" dazu, was Strategie ist. Der Bezugsrahmen des Geschäftsmodells (*Business Model*) versucht, diese Lücke zu schließen, indem er Aspekte der Corporate und der Business Strategy integriert und um weitere Themen ergänzt.

---

[1] Vgl. Mintzberg H., a.a.O.

2.4.1 Von alten zu neuen Geschäftsmodellen

Der Geschäftsmodellansatz entstand Mitte der 1990er-Jahre und wurde getrieben durch die Themen der vernetzten Wirtschaft (*net economy*), d. h. Technologisierung durch das Internet, aber auch durch die allgemeine Globalisierung von Unternehmen und Wirtschaftsprozessen. Entscheidend für diese Entwicklung ist, dass sich durch diese Themen die wirtschaftlichen Aktivitäten von bilateralen Austauschprozessen zu multilateralen, vernetzten Austauschbeziehungen wandelten[1]:

Abb. 16: Der Wandel von alten zu neuen Geschäftsmodellen[2]

---

[1] Vgl. zu diesem Abschnitt z. B. Bieger T. / Bickhoff N. / Caspers R. / zu Knyphausen-Aufseß D. / Reding K. (Hrsg.), Zukünftige Geschäftsmodelle, Berlin u. a. 2002.

[2] In Anlehnung an Bieger T. / Rüegg-Stürm J. / von Rohr T., „Strukturen und Ansätze einer Gestaltung von Beziehungskonfigurationen – Das Konzept Geschäftsmodell" in: Zukünftige Geschäftsmodelle, T. Bieger et al. (Hrsg.), Berlin u. a., 2002, S. 37.

Um diese gestiegene Komplexität abzubilden, wurde der Begriff des Geschäftsmodells entwickelt. Zunächst handelt es sich um ein Modell (zur Abbildung der Komplexität), mit dem Geschäft (Gewinn) gemacht werden soll.[1] Es weist drei Komponenten auf, in denen die Komplexität der vernetzten Welt strukturiert werden soll:

1. Auswahl der Produkt/Markt-Kombinationen
2. Festlegung der Ertragsmechanik
3. Konfiguration und Durchführung der Wertschöpfungsaktivitäten

Differenzierend, weil neu, ist der Punkt der Ertragsmechanik, der für Strategien bis dahin eine untergeordnete Rolle spielte. Bedingt durch die Vernetzung und Technologisierung entstand jedoch der Bedarf, die verschiedenartigen Ertragsströme sinnvoll zu planen, da diese – wie wir später noch sehen werden – entscheidenden Einfluss auf das Unternehmenssystem und damit die Strategie haben. Ein Geschäftsmodell ist ein neuerer Versuch zur vereinfachten Beschreibung der Strategie eines Unternehmens und damit das Instrument für die Perspektiven-Ebene der Netzwerkansätze, die sich sowohl in der Corporate als auch in der Business Strategy wiederfinden (vgl. Abbildung 9). Dabei bedient sich das Geschäftsmodell vieler bereits vorgestellter Instrumente sowie aller Ergebnisse der SWOT-Analyse. Und damit ist es auch die bisher beste Annäherung an die Frage, was Strategie ist.

2.4.2 Die drei Komponenten eines Geschäftsmodells

Die Auswahl der Produkt/Markt-Kombinationen basiert auf den bereits vorgestellten Überlegungen von Ansoff und seiner Produkt/Markt-Matrix. Das Geschäftsmodell soll demnach beschreiben, mit welchen Produkten das Unternehmen (bzw. der Konzern) auf welchen Märkten derzeit tätig ist und ob es dieses Tätigkeitsfeld

---

[1] Vgl. insbesondere zu Knyphausen-Aufseß D. / Meinhardt Y., „Revisiting Strategy: Ein Ansatz zur Systematisierung von Geschäftsmodellen“ in: Zukünftige Geschäftsmodelle, T. Bieger et al. (Hrsg.), Berlin u. a., 2002.

zwecks Wachstum ausweiten wird. Aus diesen Aussagen resultieren drei zentrale Parameter einer Strategie: das inhaltliche Betätigungsfeld, die dafür relevanten Zielmärkte/-gruppen sowie die ökonomische Logik dieser Auswahl (Risikostreuung vs. Synergienutzung).

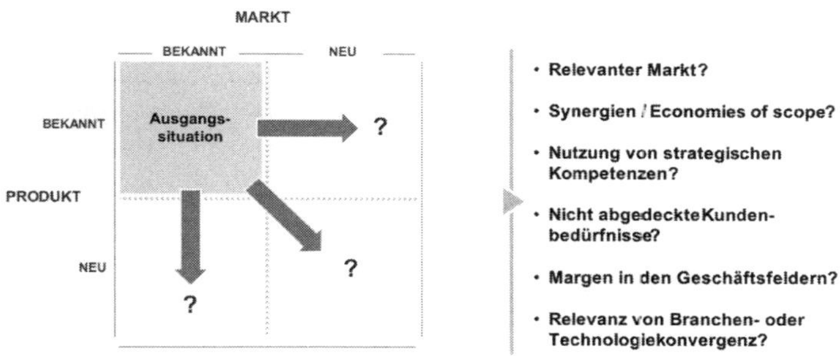

Abb. 17: Alternativen und Auswahlkriterien der Produkt/Markt-Kombinationen

Entsprechend den Erkenntnissen zur vernetzten Wirtschaft wurde zur noch eindeutigeren Detaillierung der Strategiewahl die Dimension der Märkte im Sinne von Zielgruppen untergliedert. Anhand einer Neun-Felder-Matrix (s. Abbildung 18) kann die Marktstrategie in einem Geschäftsmodell nachhaltiger erklärt werden, als dies durch die früher üblichen Gattungsunterscheidungen „Konsumgüter" oder „Industriegüter" möglich ist. B2C, B2B etc. sind heutzutage feste Bestandteile des allgemeinen Sprachgebrauchs geworden und erläutern ohne Umschweife, welcher Typ von Anbieter welchen Typ von Nachfrager bedient.

Anbieter der Leistung \ Nachfrager der Leistung	Consumer	Business	Administration
Consumer	**Consumer-to-Consumer** z. B. Internet-Kleinanzeigenmarkt	**Consumer-to-Business** z. B. Jobbörsen mit Anzeigen von Arbeitssuchenden	**Consumer-to-Administration** z. B. Steuerabwicklung von Privatpersonen (Einkommenssteuer etc.)
Business	**Business-to-Consumer** z. B. Bestellung eines Kunden in einer Internet-Shopping-Mall	**Business-to-Business** z. B. Bestellung eines Unternehmens bei einem Zulieferer per EDI	**Business-to-Administration** z. B. Steuerabwicklung von Unternehmen (Umsatzsteuer, Körperschaftssteuer etc.)
Administration	**Administration-to-Consumer** z. B. Abwicklung von Unterstützungsleistungen (Sozialhilfe, Arbeitslosenhilfe etc.)	**Administration-to-Business** z. B. Beschaffungsmaßnahmen öffentlicher Institutionen im In- und Ausland	**Administration-to-Administration** z. B. Transaktionen zwischen öffentlichen Institutionen im In- und Ausland

Abb. 18: Neun-Felder-Matrix zur Detaillierung der Marktstrategie[1]

Die zweite Komponente eines Geschäftsmodells betrifft die Festlegung der Ertragsmechanik. Bevor dieser Punkt intensivere Beachtung erhielt, beruhten Austauschbeziehungen aus Unternehmenssicht auf dem bilateral geprägten Ansatz, dass der Preis multipliziert mit der Menge den Umsatz ergibt. Wie gesagt, sind die Planungen von Ertragsströmen inzwischen wesentlich komplexer geworden. Zunächst einmal ist zu berücksichtigen, dass Geschäftsmodelle prinzipiell auf nutzungsunabhängigen und nutzungsabhängigen Erträgen basieren können:

[1] Zu Knyphausen-Aufseß D. / Meinhardt Y., a.a.O., S. 69.

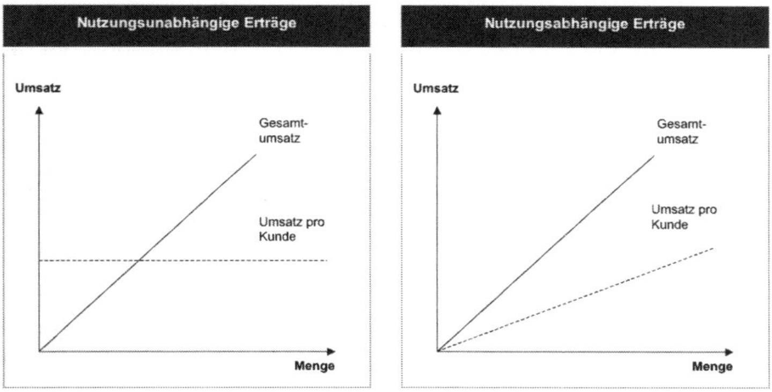

Abb. 19: Grundformen der Ertragsmechanik[1]

Nutzungsunabhängige Erträge sind Grundgebühren wie z. B. die Rundfunkgebühr der GEZ, die je Gerät einmal entrichtet wird, ohne dass die Dauer des Empfangs relevant ist. Nutzungsabhängige Erträge wie z. B. die Eintrittskarte für das Kino fallen mit jedem Besuch (jeder Nutzung) erneut an. Und selbstverständlich gibt es die Mischformen wie etwa den Telefonanschluss: In seiner Basisversion wird eine Grundgebühr erhoben, die Nutzungsgebühren sind abhängig von den tatsächlich geführten Telefonaten.

Während die beiden erstgenannten reinen Formen problemlos planbar sind, deutet die Mischform bereits auf die Komplexität des Themas Ertragsströme hin. Telekommunikationsunternehmen müssen sich in ihren Geschäften für eine Strategie hinsichtlich der Preisgestaltung ihrer Produkte und Leistungen entscheiden: Wie hoch ist die Grundgebühr, in welcher Abhängigkeit davon und in welcher Relation dazu stehen die Sekundentarife je nach Netzart, wie viele Freiminuten

[1] Zu Knyphausen-Aufseß D. / Meinhardt Y., a.a.O., S. 77.

werden gewährt, was kostet eine SMS, gibt es einen Bonus, wenn der Kunde Werbung per SMS zulässt etc.? In diesem Fall ist die Maximierung der Erträge durch die Anzahl der Kunden je Ertragsart sowie deren Preissensitivität bedingt. Es gibt aber auch andere Optimierungsprobleme bei den Ertragsströmen: Betrachten wir ein Unternehmen, das ausschließlich über seine Website ein B2C-Produkt verkauft. In diesem Fall wird der Begriff „Transaktion" statt „Nutzung" verwendet, d. h. es gibt transaktionsabhängige und transaktionsunabhängige Erträge. Mit steigenden Verkaufszahlen und wachsender Bekanntheit des Produktes kommen immer mehr Nutzer auf die Website. Irgendwann ist dieses „Verkehrsaufkommen" so groß, dass der Betreiber der Website Platz für Werbebanner und Links auf seiner Startseite verkaufen kann. Bis zu welchem Anteil kann er die Startseite nun mit Werbung füllen, ohne dass dabei sein eigenes Produkt im Hintergrund verschwindet? Der Platz auf einer Startseite ist limitiert, es gibt also ein Optimierungsproblem für zwei grundsätzlich verschiedene Ertragsströme, die durch eine neue Technik zusammengekommen sind und bis Mitte der 1990er-Jahre in ihrer Kombination noch undenkbar waren. Abbildung 20 verdeutlicht die Komplexität dieser Entscheidung und die damit verbundene Aussage zum Geschäftsmodell – und damit zur Strategiewahl.

Old Economy

	Produkt/ Dienstleistung	Produkt + Investition/Betrieb
Nutzungs-abhängig	• Mengenabhängig • Entfernungs-abhängig	• Pay on production • Betreibermodell
Nutzungs-unabhängig	• Periodenfix • Auftragsfix • Lebenszyklusfix	• Prämien • Mindesterlöse

New Economy

	Direkte Erlösgenerierung	Indirekte Erlösgenerierung
Transaktions-abhängig	• Transaktionserlöse • Verbindungs-gebühren • Nutzungsgebühren	• Provisionen
Transaktions-unabhängig	• Einrichtungs-gebühren • Grundgebühren	• Bannerwerbung • Data-Mining-Erlöse • Sponsorship

Abb. 20: Ertragsmöglichkeiten in Old Economy und New Economy

Komplexe Ertragsströme gibt es demnach nicht nur in der New Economy. Auch in der Old Economy stehen den Entscheidern zahlreiche Kombinationsmöglichkeiten zur Verfügung, die sich teilweise nur um das Produkt, oftmals aber um die gesamte Wertschöpfung herum bilden. Globalisierung, Vernetzung und Technologisierung haben entsprechend auch in der Old Economy zu Spezialisierung und Wettbewerbsdruck geführt, der unter anderem zu innovativen Preis- und damit Erlösmodellen geführt hat.

Die Konfiguration und Durchführung der Wertschöpfungsaktivitäten ist die dritte und letzte Komponente eines Geschäftsmodells zur Beschreibung der Strategie. Ebenfalls beeinflusst von den genannten Themen hat sich auch hier eine breite Vielfalt an Varianten etabliert, deren wichtigste Grundformen die folgenden vier sind:

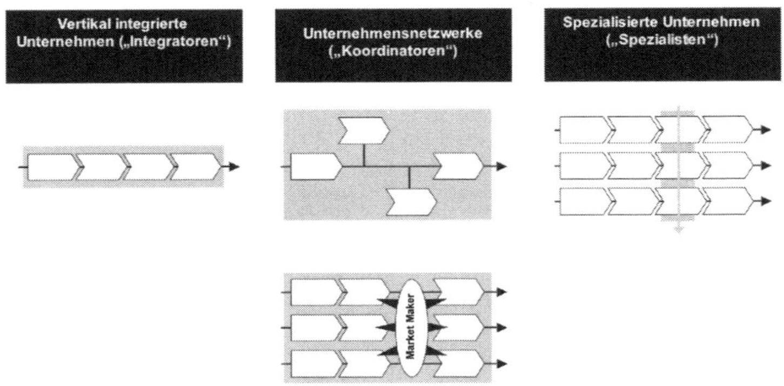

Abb. 21: Positionierungsmöglichkeiten eines Unternehmens in der Wertschöpfungskette[1]

Traditionell hat ein Unternehmen eine Position in einer oder mehreren der Wertschöpfungsstufen einer Branche. Je mehr Wertschöpfungsstufen abgedeckt werden, desto höher ist der vertikale Integrationsgrad. Die Ölindustrie z. B. kann in die Suche und Gewinnung von Erdöl, den Transport des Erdöls zu den Raffinerien, die Verarbeitung zu Erdölprodukten in den Raffinerien, den Transport der Erdölprodukte zu den (Groß-)Händlern sowie den Vertrieb der Erdölprodukte differenziert werden. Internationale Ölkonzerne wie Exxon oder Shell sind über die gesamte Kette integriert, d. h. auf jeder Stufe aktiv. Daneben gibt es allerdings z. B. freie, markenunabhängige Tankstellenbetreiber, die ausschließlich Erdölprodukte verkaufen, also nur auf einer Stufe der Wertschöpfungskette aktiv sind.

Spezialisierte Unternehmen sind in den späten 1980er-Jahren vermehrt aufgetreten: Sie bieten über mehrere Branchen hinweg dieselbe

[1] Zu Knyphausen-Aufseß D. / Meinhardt Y., a.a.O., S. 73.

Leistung an, weshalb diese Strategie auch als „*Business Migration*" bezeichnet wird.[1] Der Tankstellenbetreiber hat sich beispielsweise vom Benzinverkäufer hin zum Shop-Anbieter gewandelt: Er ist spezialisiert auf den Vertrieb und bietet Erdölprodukte, Bäckereiwaren sowie allgemeine Supermarktartikel an – deckt also mindestens drei normalerweise getrennte Branchen ab.

Die anderen beiden Grundformen, die aus dem Bereich der Unternehmensnetzwerke stammen, haben erst durch die Vernetzung und Technologisierung Bedeutung erlangt. Zum einen gibt es Geschäftsmodelle, in denen sich für einen befristeten Zeitraum Anbieter verschiedener Branchen zusammenschließen, um die gesamte Wertschöpfungskette für eine Branche anzubieten. Oftmals werden solche Formen auch als virtuelle Unternehmen bezeichnet[2], und es sind zumeist kleinere Marktteilnehmer, die auf diese Weise große Einzelaufträge anbieten und abarbeiten. Beispiele hierfür sind Arbeitsgemeinschaften (ARGEn) im Baubereich, aber auch Zusammenschlüsse von Dienstleistern wie Werbeagenturen, IT-Beratern und Strategieberatern. Zum anderen hat das Internet dazu geführt, dass es inzwischen das Modell der „Market Maker" gibt: Hierbei handelt es sich um Unternehmen, die eine traditionelle Wertschöpfungskette aufbrechen und eine neue Stufe einführen, teilweise auch über mehrere Branchen gleichzeitig hinweg. Beispiele hierfür sind die Handelsplattformen des Internets: Ebay, Amazon und unzählige B2B-Online-Plattformen haben jenseits des tradierten Vertriebs neue Marktplätze aufgemacht, die es vorher nicht gab. Während Amazon dabei alte Vertriebskanäle online gestellt hat, sind B2B-Handelsplattformen, auf denen z. B. Lager-Restbestände an Schrauben oder ähnlichen Artikeln von einem Unternehmen an ein anderes Unternehmen verkauft werden, komplett neue Wertschöpfungsstufen, da die hier verkauften Werte früher nur verschrottet wurden.

---

[1] Vgl. hierzu auch Heuskel D., Wettbewerb jenseits von Industriegrenzen – Aufbruch zu neuen Wachstumsstrategien, Frankfurt/Main 1999.

[2] Siehe hierzu im Detail Bickhoff N. / Böhmer C. / Eilenberger G. / Hansmann K.-W. / Niggemann M. / Ringle C. / Spremann K. / Tjaden G., Mit Virtuellen Unternehmen zum Erfolg, Berlin u. a. 2003.

Eine Strategie muss viele Themen berücksichtigen, und zur Strategieformulierung müssen viele Entscheidungen getroffen werden – das Geschäftsmodell als Ausdruck einer Strategie ist der bislang beste Versuch, Strategien und deren Komplexität zu beschreiben. Es bleibt allerdings bei einer Beschreibung; die Frage, was Strategie ist, wird auch hierdurch nicht final geklärt.

3 Aktuelle Schwerpunkte der Strategiepraxis: Vier bedeutende Managementkonzepte der letzten 20 Jahre

Neben der grundlegenden Theorie zu Strategie und den vorgestellten Bezugsrahmen gibt es einzelne Schwerpunkte aus der Praxis, die zwar kein Instrument an sich darstellen, allerdings die Ausrichtung der vorgestellten Instrumente in den letzten Jahren maßgeblich beeinflusst haben. Die bisherigen Perspektiven werden somit nicht um weitere ergänzt, sondern sie werden vielfach in diese Schwerpunkte integriert, sodass am Ende erst diese Kombination aus Bezugsrahmen und Managementkonzepten erklärend ist für die eingeschlagenen Strategiewege von Unternehmen. An einem Beispiel formuliert: Wertorientierte Strategien von Unternehmen basieren immer auf Businessplänen, und diese lassen sich absatzseitig am exaktesten unter Kenntnis von SWOT-Ergebnissen, des Porter-Ansatzes etc. prognostizieren. Wenn wir also dem im Fokus stehenden Ansatz der deskriptiven Analyse folgen, so ist die Kenntnis der Praxis-Überlegungen in Kombination mit den Bezugsrahmen wichtig, um den zuvor eingeschlagenen Strategieweg eines Unternehmens zu verstehen. Erst auf Basis dessen können wir die guten (weil erfolgreichen) von den schlechten Strategien separieren und von ersteren lernen.

Im Verlauf dieses dritten Teils werden wir vier bedeutende Überlegungen der letzten 20 Jahre beleuchten, in denen die zuvor vorgestellten Bezugsrahmen in größerem oder kleinerem Umfang enthalten sind. Dabei gibt es jedes Mal eine Aufteilung in Konzept und Beispiele – die Konzepte sind theoretisch notwendig, allerdings aufgrund ihrer gewollten Kürze unvermeidbar komplex und nüchtern. Als thematisch nicht so versierter Leser können Sie in der angegebenen weiterführenden Literatur die Inhalte der nun anstehenden vier „Crash-Kurse" vertiefen.

Die Auswahl der vier Themen stützt sich auf diverse Befragungen von Vorständen (in der Regel den CEOs bzw. Vorsitzenden des Vorstands). In diesen Befragungen wird regelmäßig erhoben, welche Themen auf der Agenda der Vorstände ganz oben stehen, und diese vier Themen, nämlich

- Wachstumsstrategien,
- Business Process Reengineering,
- Strategisches Markenmanagement und
- Strategische Spiele,

gehören seit Langem zu den meistgenannten Herausforderungen für Vorstände. Beispielhaft für die zahlreichen Erhebungen zeigt die Abbildung 22 die Ergebnisse des Conference Board Surveys 2003.

Abb. 22: Top-Herausforderungen für Vorstände (Conference Board Survey 2003)

3.1 Wachstumsstrategien

Die Entwicklung von wachstumsorientierten Strategien ist – wie wir bereits mehrfach diskutiert haben – Kernaufgabe des strategischen Managements und aufgrund der Risiken von Wachstumsentscheidungen, die immer investiv sind, auch Kür einer Strategie.[1] Um das Wachstumsthema und seine Implikationen für die Schaffung von Wert zu verstehen, sollen im Weiteren die folgenden Fragen beantwortet werden:

- Was ist Wachstum?
- Warum müssen Unternehmen überhaupt wachsen?
- Gibt es eine Wachstumsgrenze?
- Welche Wachstumsansätze gibt es in der Praxis?
- Sind Firmen, die wachsen, erfolgreicher als andere Unternehmen?

Der letzte Punkt wird durch Beispiele einer empirischen Untersuchung belegt werden.

3.1.1 Wertorientierung, Marktsicherung, Grenzen und Ansätze

Was ist Wachstum? Nun, zunächst einmal muss Wachstum im ökonomischen Sinn die Ziele eines Unternehmens im Sinne der langfristigen Existenzsicherung verfolgen, d. h. es muss gewollt sein (Kostenwachstum ist selbstverständlich ungewollt, es sei denn, es drückt die Investitionstätigkeit in Form von Kosten aus). Während das Wachstum von Volkswirtschaften über ihr Leistungspotenzial (z. B. BIP, BSP, Produktivitätsquote) ausgedrückt wird, sind es bei

---

[1] Dies gilt insbesondere im Gegensatz zu kostenorientierten Strategien, die wesentlich einfacher zu konzipieren sind, da die Anhaltspunkte offensichtlicher sind.

Unternehmen andere Kennziffern, die ihre Leistungsfähigkeit beschreiben.

Das Marktwachstum (absolut) oder das Marktanteilswachstum (relativ) – ermittelt anhand von Absatz- oder Umsatzzahlen – ist eine klassische Wachstumsgröße, die den Bereich der Marktziele unterstützt. Eine andere klassische Kennziffer für Wachstum ist die Zunahme der Unternehmensgröße: Durch Netto-Investitionen, d. h. eine über die notwendigen Ersatzinvestitionen hinausgehende Investitionstätigkeit, wird die Höhe des investierten Vermögens gesteigert. Indikatoren hierfür sind die Buchungen im Anlagespiegel oder bilanzielle Veränderungen (z. B. im Anlagevermögen). Wichtige Annahme dabei ist, dass der Nutzen der Investition höher ist als ihre Kosten – die Investitionsrechnung muss also einen positiven Kapitalwert haben.[1] In diesem Fall unterstützt die Zunahme der Unternehmensgröße den Bereich der Ertragsziele. Weitere Kennziffern sind das Ergebniswachstum, das jedoch implizit in der investitionsorientierten Unternehmensgröße enthalten ist, oder auch die Steigerung der Mitarbeiterzahl, die allerdings – bis auf wenige Ausnahmen im Bereich der Dienstleistungen (z. B. Berater) – nicht die Leistungsfähigkeit des Unternehmens ausdrückt.

Obwohl in jeder Publikation eine Vielzahl von Gründen genannt wird, gibt es auf einer übergeordneten Ebene letztlich nur zwei Gründe, warum Unternehmen wachsen sollten: Zum einen müssen Unternehmen im Verhältnis zu ihrem relevanten Markt langfristig mindestens durchschnittlich wachsen, um ihren Marktanteil zu halten. Überdurchschnittliches Wachstum führt zu steigenden Marktanteilen, bei unterdurchschnittlichem Wachstum hingegen sinken die Marktanteile, und es droht die Verdrängung aus dem Markt. Dieser Grund ist also direkt eine der drei bereits erwähnten Existenzbedingungen für ein Unternehmen. Zum anderen müssen die Unternehmen den Eigen-

---

[1] Die Summe der Barwerte aller durch eine Investition verursachten Zahlungen wird als Kapitalwert bezeichnet, dabei wird die Anfangsauszahlung berücksichtigt. Eines der besten Bücher zu diesem Thema ist das von Hawawini G. / Viallet C., Finance for Executives: Managing for Value Creation, 2nd edition, Mason 2002.

tümern und Kapitalmärkten Rechnung tragen und dazu den Eigentümerwert bzw. Shareholder-Value regelmäßig steigern. Wenn die Unternehmensgröße, d. h. die Höhe des investierten Vermögens, auf Basis der Annahme von positiven Kapitalwerten der getätigten Investitionen steigt, dann wird folglich mehr Gewinn erzielt bzw. Wert geschaffen. Die Steigerung des Shareholder-Value durch eine Ausweitung der Unternehmensgröße verfolgt damit auch direkt die beiden anderen Existenzbedingungen der Liquidität und Rentabilität.

Der Shareholder-Value (SHV) errechnet sich prinzipiell als Unternehmenswert abzüglich des Fremdkapitals. Die folgende Formel zeigt die formale Struktur dieses Gedankens auf:

$$\textbf{SHV} = \sum_{t=1}^{T} FCF_t / (1 + WACC)^t + FW / (1 + WACC)^T - FK + nbV$$

SHV	= Shareholder-Value (Wert des Eigenkapitals)
FCF_t	= Freier Cashflow im Jahr t
FW	= Fortführungswert (ewige Rente: letzter FCF oder Durchschnitt dividiert durch WACC)
FK	= verzinsliches Fremdkapital
WACC	= gewichtete Kapitalkosten für das Gesamtkapital
nbV	= nicht betriebsnotwendiges Vermögen
t	= Jahr
T	= letztes Jahr des Planungszeitraums

Abb. 23: Formel zur Berechnung des Shareholder-Value[1]

Der SHV gleicht einer Kapitalwertbetrachtung und hat drei Hauptkomponenten: zunächst die über einen Zeitraum ab der Gegenwart aufsummierten zukünftigen freien Cashflows (FCF), die mit den ge-

[1] Vgl. z. B. Rappaport A., Shareholder Value (2. Aufl.), Stuttgart 1999.

wichteten Kapitalkosten diskontiert werden. In der Praxis liegen zumeist Prognosezeiträume von maximal fünf Jahren vor, danach sind die Unsicherheiten der Prognose zu groß. Denn der FCF errechnet sich auf Basis zukünftiger Bilanzen und Gewinn-und-Verlust-Rechnungen (GuVs), die in allen Positionen sehr detailliert mit Annahmen über die Geschäftsentwicklung versehen werden müssen.[1] Dieser Vorgang wird oftmals auch als *Business Planning* bezeichnet, und er integriert sowohl die SWOT-Analyse als auch alle Perspektiven aus der Business Strategy, da es um die möglichst exakte Prognose operativer und strategieinduzierter Geschäftszahlen geht. Weil Unternehmen jedoch länger als fünf Jahre bestehen, wird für den Zeitraum danach der Fortführungswert (FW) ermittelt. Es handelt sich technisch um eine ewige Rente, d. h. entweder der letzte FCF oder der Durchschnitt aller FCFs wird durch die gewichteten Kapitalkosten dividiert und dann diskontiert. Die Summe der aufsummierten sowie diskontierten FCFs und des diskontierten Fortführungswerts stellt den Unternehmenswert dar. Von diesem wird das verzinsliche Fremdkapital abgezogen, um final den SHV zu erhalten.

Entscheidend dabei ist, dass die Prognose der FCFs eine hohe Güte aufweist, da beide Wertkomponenten hiervon getrieben werden.[2] In der Praxis ist es normalerweise so, dass der Fortführungswert in der Regel einen Anteil von mehr als 70 Prozent des Unternehmenswertes ausmacht.[3] Steigt nun die Unternehmensgröße durch vorteilhafte investive Tätigkeit, so führen diese Investitionen zu einem positiven Ergebnisbeitrag, wodurch die FCFs und damit auch der SHV nachhaltig steigen.

---

[1] Der freie Cashflow kann für den SHV-Ansatz in seiner einfachsten Form als Jahresergebnis vor Zinsergebnis zzgl. Abschreibungen und abzgl. der betriebsnotwendigen Investitionen definiert werden.

[2] Insbesondere muss hierbei berücksichtigt werden, dass die FCFs in jeder Periode abfließen und damit in der Folgeperiode nicht mehr eingeplant werden. Vgl. hierzu Schwenker B. / Spremann K., Unternehmerisches Denken zwischen Strategie und Finanzen, Berlin u. a. 2008, S. 143.

[3] Es gibt spezifische Formeln, die auch eine Marktdynamik für den Fortführungswert berücksichtigen, sodass hierdurch auch sehr geringe Fortführungswerte entstehen können.

Diese nachhaltige Steigerung des SHV ist nur durch investives Wachstum möglich; Eigentümer können also nur von langfristig wachsenden Unternehmen zufriedengestellt werden. Eine Desinvestition von Unternehmensteilen führt lediglich zu einem einmaligen Liquiditätseffekt, der zwar den Cashflow positiv beeinflusst, aber im nächsten Jahr bereits nicht mehr besteht und damit im Rahmen der Formel kaum ins Gewicht fällt. Auch konstante Unternehmensgrößen führen generell zu keinem Anstieg des SHV – nur wenn das Unternehmen den Rendite-Spread steigert, wird der SHV ansteigen. Der Rendite-Spread ist die positive Differenz zwischen Eigenkapitalrendite und Eigenkapitalkosten. Die Eigenkapitalkosten ergeben sich aus einer sicheren Anlage (z. B. Bundesschatzbriefen) zzgl. eines unternehmerischen Risiko-Premiums, das von dem Unternehmen und seiner Branche abhängt. Beides zusammen führt dazu, dass die Kosten des Eigenkapitals in der Regel bei 15 Prozent oder mehr liegen. Erst wenn ein Unternehmen diese Kosten erwirtschaftet und darüber hinaus Rendite erzielt, wird Wert geschaffen.

Die folgende Abbildung verdeutlicht diesen Zusammenhang und weist darüber hinaus darauf hin, dass ein buchhalterischer Gewinn trotzdem Wert vernichten kann, also für Anteilseigner ein ökonomischer Verlust ist. Für die bereits angesprochene strategische Zielplanung von Unternehmen ist diese Erkenntnis als Revolution zu bewerten: Nicht der Gewinn oder die langfristige Existenzsicherung sind entscheidend, sondern allein die Wertschaffung ist relevant.[1]

---

[1] Vgl. hierzu sowie für eine exzellente historische Übersicht der Finanzwirtschaft Spremann K., „Alte und neue Paradigmen der Finance“ in: G. Eilenberger / S. Haghani / A. Kötzle / K. Reding / K. Spremann (Hrsg.): Finanzstrategisch denken!, Berlin u. a. 2008.

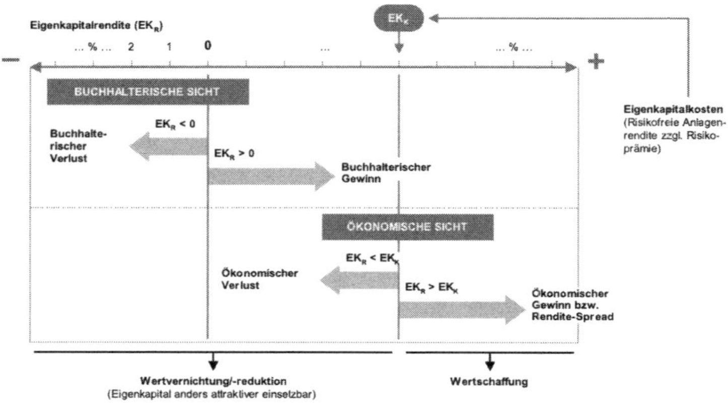

Abb. 24: Systematik des Rendite-Spreads[1]

Je größer der Spread, desto höher der Shareholder-Value. Bei konstanten Unternehmensgrößen wird der Rendite-Spread insbesondere über Kostensenkungen erreicht – auch dies ist im Vergleich zum investiven Wachstum keine nachhaltige Maßnahme zur Steigerung des SHV, da bei einem „konstanten" Unternehmen irgendwann alle Kostensenkungspotenziale realisiert sind.

Die beiden genannten Gründe zeigen eindrucksvoll, dass es für Unternehmen absolut notwendig ist zu wachsen. Aber ist Wachstum auch endlich, d. h. womit müssen Unternehmen unter Umständen rechnen? In der theoretischen Diskussion wird eine mindestoptimale Betriebsgröße vermutet, bei der die Stückkosten trotz weiter steigender Produktionsmengen je Zeiteinheiten nicht mehr sinken, d. h. die Größenvorteile oder *Economies of scale* lassen nach. Mit weiter steigender Betriebsgröße treten später sogar *Diseconomies of*

---

[1] Bötzel S. / Schwilling A., Erfolgsfaktor Wertmanagement, München u. a. 1998, S. 32.

scale (d. h. negative Skaleneffekte bedingt durch komplexe Verwaltungsstrukturen, Informations-Asymmetrien etc.) auf. Problem dieses Konzeptes ist, dass in der Praxis nicht feststellbar ist, ab wann die *Diseconomies* eintreten. Saturierte Märkte könnten Wachstum begrenzen, es stellt sich aber die Frage, ob es saturierte Märkte gibt. Letztlich ist es Aufgabe des Marketings, immer wieder Nachfrage zu generieren, es sei denn, dass sich das Produkt aus technischen Gründen nicht mehr verkauft (wie z. B. ein Walkman).

Auch fehlende Ressourcen könnten das Wachstum begrenzen: Qualifizierte Mitarbeiter oder Rohstoffe gelten als knappe Güter, und die sie einsetzenden Unternehmen sind von ihnen abhängig. Wenn jedoch solche Knappheiten entstehen, dann finden sich mittelfristig auch immer Anbieter, die bereit sind, dieses Problem zu lösen, um die damit verbundene Zahlungsbereitschaft der Nachfrager zu nutzen. So ist allgemein bekannt, dass die Erdöl-Konzerne bei langfristig durchschnittlichen Rohölpreisen von 65 bis 75 US-Dollar je Barrel die technologisch bedingten Investitionen eingehen können, um die Vorkommen im Atlantik durch Tiefseebohrungen zu fördern. Und seit dem Ende der 1990er-Jahre eröffnen jährlich neue private Hochschulen, um den dringenden Bedarf an qualifizierten Fachkräften zu decken. Aus der Einzelsicht eines Unternehmens gibt es demnach keine wirklichen Wachstumsgrenzen, sondern höchstens temporäre Wachstumshemmer, und auch das ökologische Gleichgewicht der Erde und damit der Appell an Mäßigung bei Verbrauch und Verschmutzung wird aus Einzelsicht nicht als Wachstumsgrenze verstanden werden.

In der Praxis wird Wachstum – nachdem gemäß Ansoff die horizontale Wachstumsstrategie festgelegt wurde – in zwei Varianten umgesetzt: Entweder mit einem organischen Wachstumsansatz, d. h. von innen kommend über die eigenen Ressourcen und Kompetenzen. Dieser Ansatz ist eher langsam, dafür jedoch sicher, steuerbar und in der Regel nicht zu kostenintensiv. Die zweite Variante ist das nichtorganische Wachstum, d. h. Wachstum von außen über Mergers und Acquisitions (M&A). Diese Variante ist auf schnelles Wachstum durch Zukauf angelegt und birgt dementsprechend die Risiken hoher Kosten und geringerer Steuerbarkeit. Nicht ohne Grund sind im ökonomischen Sinn weit mehr als die Hälfte aller M&A-Aktivitäten gescheitert: Zu hohe Premiumaufschläge beim Kaufpreis, schlecht kalkulierte Synergieeffekte, unvereinbare Unternehmenskulturen sowie zu späte Planung und Umsetzung von Maßnahmen sind Ursachen dafür, dass die erhofften Vorteile nicht oder viel zu spät – und damit mit dem gewaltigen Zins- und Zinseszinseffekt im Sinne von Opportunitätskosten belastet – eintreten und folgerichtig Wert in erheblichem Umfang vernichtet wird. Um diese Wertvernichtung zu vermeiden, sollten bietende Unternehmen als maximale Akquisitionsprämie den Kapitalwert der Synergiepotenziale veranschlagen und bereits zum Kauf- und Zahlungstermin einen detaillierten Umsetzungs- und Maßnahmenplan[1] vorliegen haben.

Theoretisch gesehen ist Wachstum also notwendig. Es ist aber auch anstrengend und riskant. Deshalb stellt sich die berechtigte Frage, ob stark wachsende Firmen eigentlich erfolgreicher sind als andere Unternehmen.

3.1.2 Sieben Wachstumsstrategien der Praxis

Um diese Frage zu beantworten, führte die Strategieberatung Roland Berger Strategy Consultants (RBSC) im Jahr 2002 eine empirische Studie unter den führenden 1.700 Unternehmen der Welt durch.[2] Aufgrund öffentlich verfügbarer Finanzkennzahlen sollte untersucht werden, wie viele und welche Unternehmen stärker als der Durchschnitt wachsen, und ob dieses Wachstum auch erfolgreicher war als bei den anderen Unternehmen. Dazu wurde zum einen das Umsatzwachstum pro Jahr zwischen 1996 und 2001 ermittelt. Diese Kennziffer bildet das Wachstum des Unternehmens ab. Darüber hinaus wurde das EBIT-Wachstum[3] pro Jahr für denselben Zeitraum berech-

---

[1] Dieses Vorgehen wird oftmals auch als Post-Merger-Integration bezeichnet (PMI).

[2] Siehe zu den Ausführungen des Abschnitts insbesondere Schwenker B. / Bötzel S., Auf Wachstumskurs, Berlin u. a. 2006.

[3] EBIT ist der Jahresüberschuss vor Zinsen und Steuern (Earnings Before Interest and Tax).

net, um eine Aussage über den finanziellen Erfolg des Unternehmens treffen zu können.

Ein Ergebnis der Studie ist, dass 441 der untersuchten 1.700 Unternehmen oberhalb des durchschnittlichen Umsatzwachstums von 11,8 Prozent p. a. und oberhalb des durchschnittlichen EBIT-Wachstums von 8,5 Prozent liegen. Mit anderen Worten: In dem Betrachtungszeitraum schufen 26 Prozent der untersuchten Unternehmen Wert durch starkes Wachstum („Outperformer"). Oberhalb des Durchschnitts lagen bei diesen Unternehmen auch die weiteren Kennzahlen wie der Total Shareholder Return[1], die Produktivität oder die Mitarbeiteranzahl, sodass in Summe festzuhalten ist, dass starkes Wachstum für alle beteiligten Stakeholder eines Unternehmens positive Auswirkungen hat.

Aus einer Perspektive der praxisorientierten Wachstumsstrategien ist die zweite Analyse der Untersuchung von Interesse: Welche strategischen Verhaltensmuster lassen sich rückblickend unter den 441 überdurchschnittlichen Unternehmen identifizieren?[2] RBSC formulierte für diese Outperformer sieben Strategien, die jeweils anhand eines Beispiels aus der Gruppe der 441 Outperformer illustriert werden:

---

[1] Aktienkursgewinne plus Dividendenzahlungen.

[2] Vgl. hierzu auch die einleitenden Ausführungen in Teil 2 zum deskriptiven Analyseansatz.

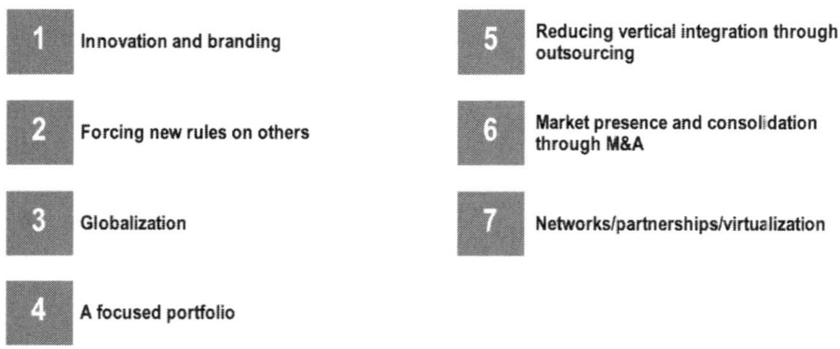

Abb. 25: Sieben erfolgreiche Wachstumsstrategien der Praxis

Im Bereich Innovation und Branding (*Innovation and Branding*) ist die Firma Intel ein sehr gutes Beispiel: Sie hat seit Ende der 1960er-Jahre insbesondere die Weiterentwicklung der Mikroprozessoren vorangetrieben und immer schnellere Versionen in immer kürzeren Abständen auf den Markt gebracht. Parallel dazu wurde ein weltweit anerkanntes Branding durch das „Intel inside" sowie den dazugehörigen Jingle erreicht, sodass den Konkurrenten wie z. B. AMD fast immer die Rolle des Nachzüglers blieb.

Für die Strategie, anderen neue Regeln aufzuzwingen (*Forcing new rules on others*) lässt sich Ryanair als Beispiel heranziehen: Vor Ryanair gab es den Markt der großen nationalen Fluggesellschaften, die ihren Kunden ein großes, kostenintensives Streckennetz offerierten. Ryanair brach mit den Regeln dieses Geschäftes in vielfacher Weise, indem es eine klare Kostenführerstrategie entwarf, um die Tickets günstig gestalten zu können. Statt innerhalb eines ausgeklügelten Systems verschiedener Flughäfen zu pendeln, fliegt Ryanair ausschließlich von einem Standort zu einem anderen Standort und zurück (point-to-point). Dabei nutzt die Firma nur die sogenannten Provinzflughäfen, um Gebühren zu sparen und die Umschlaggeschwindigkeit durch geringere Wartezeiten zu erhöhen. Es wurde auch lange Zeit nur ein Flugzeugtyp eingesetzt, damit der Teileeinkauf sowie die Schulungen nicht zu komplex wurden. Tickets werden direkt über Ryanair, also ohne Kommissionen an Reisebüros, verkauft, und auf dem Flug kostet alles extra (Essen, Trinken). Die Flugreise wurde damit auf das Wesentliche reduziert: nämlich das Überbrücken einer Strecke von A nach B – und das zu geringstmöglichen Kosten und in kürzestmöglicher Zeit. Ryanair offerierte damit der großen Gruppe von Reisenden, die nicht über verschiedene Standorte eine Langstrecke absolvieren mussten, eine Alternative zu den bestehenden, teuren Fluggesellschaften.

Der Aspekt der Globalisierung (*Globalization*) kann gut am Beispiel von Vodafone gezeigt werden: Das Unternehmen hat es durch eine Vielzahl von Zusammenschlüssen, aber auch Partnerschaften mit den größten Telekommunikationsunternehmen der fünf Kontinente geschafft, zum echten globalen Mobilfunkanbieter zu werden. 1993/94 wurden internationale Investments in Deutschland, Australien, Großbritannien, Fiji und Südafrika getätigt. 1995 gab es Kooperationen mit Partnern in Holland, Frankreich und Hongkong. 1999 schloss sich das Unternehmen mit Airtouch aus den USA zusammen. 2000 übernahm Vodafone das deutsche Unternehmen Mannesmann D2 und gründete Verizon (ein Joint Venture mit der US-amerikanischen Bell Atlantic). 2001 wurde die irische Eircell übernommen und eine Kooperation mit dem größten chinesischen Anbieter China Mobile beschlossen. 2007 weist Vodafone Beteiligungen in 25 Ländern auf fünf Kontinenten auf und hat darüber hinaus in weiteren 40 Ländern Partnerschaften mit anderen Telekommunikationsunternehmen.

Ein fokussiertes Portfolio (*A focused portfolio*) ist eine Wachstumsstrategie, bei der durch die stringente Fokussierung auf ein Kerngeschäft und die damit einhergehenden Größenvorteile und Lernkurveneffekte der nachhaltige Erfolg einsetzt. E.ON ist dafür ein gutes Beispiel: Das Unternehmen entstand aus dem Zusammenschluss der beiden Mischkonzerne VEBA und VIAG in den Jahren 1999/2000. Beide Unternehmen waren zu dem Zeitpunkt bereits Energie- und

Wasseranbieter, besaßen allerdings auch erhebliche Beteiligungen in anderen Branchen. Nach dem Zusammenschluss waren dies insbesondere die Branchen Telekommunikation (o.tel.o), Chemie (Degussa), Öl (VEBA Öl), Immobilien, Elektronik, Logistik (Stinnes), Aluminium (VAW), Glas (Gerresheimer) und Spezialchemie (Schmalbach Lubeca). E.ON hat mit dem Zusammenschluss begonnen, die Unternehmensbereiche zu verkaufen und den Konzern im Kern als *Versorger („Utility")* aufzustellen, d. h. als reinen Anbieter von Strom, Gas und Wasser. Aus zwei großen nationalen Mischkonzernen wurde auf diese Art und Weise ein großer internationaler Anbieter.

Porsche ist mit der Reduktion vertikaler Integration durch Outsourcing (*Reducing vertical integration through outsourcing*) wieder erfolgreich geworden, nachdem das Unternehmen Anfang der 90er-Jahre ein Sanierungsfall gewesen war. Heute hat der Sportwagenhersteller die geringste Wertschöpfungstiefe aller Automobilhersteller und kauft ca. 80 Prozent der Wertschöpfung ein. Das Unternehmen konzentriert sich nur noch auf die Themenfelder Innovation und Produktentwicklung (Motoren und Technik) sowie Marketing und wurde damit der profitabelste Automobilhersteller der Welt.

Marktpräsenz und Konsolidierung durch M&A (*Market presence and consolidation through M&A*) zielt als Wachstumsstrategie darauf ab, einen Markt dadurch zu dominieren, dass man die wichtigsten Konkurrenten aufkauft, um einen hohen Marktanteil zu erreichen. Mitte der 90er-Jahre gab es in Europa neben den drei großen weltweiten Ölfirmen Royal Dutch/Shell, BP und Exxon eine Vielzahl an mittelgroßen Unternehmen. Zu diesen zählten unter anderem die beiden französischen Firmen Elf Aquitaine und Total sowie die belgische Petrofina. Elf Aquitaine war bis zu diesem Zeitpunkt sehr aggressiv im Markt aufgetreten, hatte dabei unter anderem das ehemalige ostdeutsche Staatsunternehmen Minol aufgekauft, und es schien eine Frage der Zeit, wann Elf auch Total kaufen würde, um damit einen großen französischen Industrie-Champion zu formen. Das Management von Total erkannte die Gefahr und übernahm für alle Marktteilnehmer sehr überraschend 1998 die kleinere belgische Petrofina für 12 Milliarden Euro. Auf diese Weise gewachsen und gestärkt, sah sich Total bereits ein Jahr später in der Lage, den annähernd gleich großen Konkurrenten Elf zu übernehmen – dies geschah 1999 für 49 Milliarden Euro. Auf diese Weise wurde das neue Unternehmen Total Fina innerhalb von zwei Jahren unangefochtene Nummer vier auf dem Weltmarkt und zu einem echten Konkurrenten für die großen drei etablierten Unternehmen.

Für Netzwerke, Partnerschaften und Virtualisierung (*Networks, partnerships and virtualization*) lässt sich die Firma Puma als Beispiel aus dem Kreis der 441 Outperformer heranziehen. Puma ist das viel zitierte und überaus erfolgreiche Muster eines virtuellen Konstruktes. Es gibt drei virtuelle Hauptquartiere: Deutschland mit den Funktionen F&E, Einkauf, strategische Planung, Logistik, Sales und Distribution, die USA mit den Funktionen F&E und Marketing sowie Hongkong mit den Funktionen Einkauf und Marketing. Die drei Standorte bilden eine virtuelle Konzernzentrale, bei der die regionalen Stärken genutzt werden. Es gibt keine eigene Produktion; die Produkte werden von unterschiedlichen und variierenden Lieferanten in Fernost eingekauft und als Marke *Puma* vermarktet. Die Marke *Puma* selber ist damit im allgemeinen Verständnis virtuell, da sie lediglich eine Dachmarke für die Kooperation zwischen den Ländergesellschaften und den Herstellern darstellt.[1]

[1] Puma ist kein perfektes virtuelles Unternehmen. Für die entsprechende Definition siehe Bickhoff N. / Böhmer C. / Eilenberger G. / Hansmann K.-W. / Niggemann M. / Ringle C. / Spremann K. / Tjaden G., a.a.O., S. 14.

3.2 Business Process Reengineering

Wie zuvor gezeigt, steht Business Process Reengineering (BPR) auf der Agenda von Vorständen sehr weit oben. Zunächst überrascht dies, denn im internationalen Umfeld werden Prozessveränderungen dem Operations Management zugerechnet, d. h. es geht ganz allgemein um die Untersuchung und Weiterentwicklung operativer Prozesse. Wenn BPR dem Inhalt nach zunächst dem operativen („Operations") und nicht dem strategischem Management zuzurechnen ist, warum steht es dann auf der Agenda der Vorstände und ist damit auch ein strategisches Thema und Konzept? Zur Klärung dieses Sachverhaltes werden die folgenden Leitfragen dienen:

- Was ist BPR? Warum hat es sich entwickelt? Welche Komponenten, Charakteristika und Vorteile hat es?
- Was sind die Zielgrößen des BPR? Wie läuft BPR theoretisch ab? Welche Risiken gibt es in der Anwendung?
- Wie sehen konkrete Praxisanwendungen aus?

3.2.1 Anspruch und Realität

Der BPR-Ansatz[1] ist mehr als Prozessverbesserung – er ist Bestandteil der Organisationslehre, in der zwischen der Aufbauorganisation (Welche ist die richtige Organisationsstruktur?) und der Ablauforganisation (Wie entsteht Wertschöpfung?) unterschieden wird. Adam Smith stellte bereits Ende des 18. Jahrhunderts die Überlegung an, dass die industrielle Arbeit in einfache und abgrenzbare Aufgaben eingeteilt werden sollte, um kostenoptimal und mit höchstmöglicher Ausbringung fertigen zu können. Taylor perfektionierte dieses Prinzip zu Beginn des 20. Jahrhunderts im Rahmen der Massenfertigung (Taylorismus). Diese Überlegungen resultierten unter anderem in der vertikal strukturierten Organisation, in der funktionale Experten in

---

[1] Siehe zu den Ausführungen dieses Abschnitts insbesondere den Klassiker von Hammer M. / Champy J., Reengineering the corporation, New York 1993.

ihren jeweiligen Bereichen bis in den kleinsten Tätigkeitsschritt organisiert waren. Prozesse, Wertschöpfung und Abstimmung (also der Ablauf) finden in der vertikal strukturierten Organisation nur innerhalb der Bereiche statt: F&E, Einkauf, Produktion, Vertrieb etc. finalisieren eigenständig einen Arbeitsschritt und geben das „fertige Produkt" an den nächsten Bereich weiter – es gibt bildlich gesprochen feste Mauern oder Wände zwischen den einzelnen Bereichen, die einen Austausch verhindern.

Mit dem Wechsel zu den Käufermärkten in den 1980er-Jahren und dem steigenden Wettbewerbsdruck durch die Internationalisierung der Märkte wurde jedoch offensichtlich, dass der Kundennutzen, also die Wertschöpfung, in auf den Kunden ausgerichteten Prozessen und nicht in Abteilungen oder Bereichen erzeugt wird. Um in diesem veränderten Umfeld wettbewerbsfähig zu bleiben, setzte Ende der 80er-Jahre ein organisatorischer Paradigmenwechsel ein: Die vertikale Aufbauorganisation wurde durch die bereichsübergreifende horizontale Prozess-Sichtweise ergänzt:

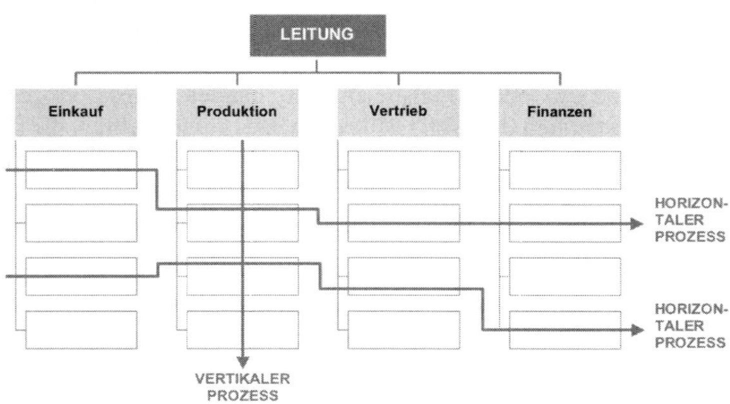

Abb. 26: Eine vertikale Unternehmensorganisation und die Integration der horizontalen Prozesssichtweise

Um das Konzept des BPR zu verstehen, ist es zunächst wichtig, den *Business Process* oder Geschäftsprozess zu definieren. Harrington hat dies bereits 1989 sehr präzise getan[1]:

- *„Process: Group of activities that takes an input, adds value to it, and provides an output to an internal or external customer. Processes use an organization's resources to provide definitive results."*
- *„Production process: Any process that comes into physical contact with the hardware or software that will be delivered to an external customer to the point the product is packaged."*
- *„Business Process: All services and processes that support production processes. A business process consists of a group of logically related tasks."*

In Prozessen werden also Inputs derart weiterverarbeitet, dass der Output im Wert höher ist, unabhängig davon, ob der Abnehmer ein interner oder ein externer Kunde ist. Prozesse führen zu Ergebnissen und Wert, d. h. sie sollten keine überflüssigen, wertvernichtenden Tätigkeiten beinhalten. Sobald diese Prozesse in physischen Kontakt mit dem Produkt gelangen, d. h. das Produkt direkt weiterentwickeln, handelt es sich um Produktionsprozesse – egal ob es sich um Fertigungsprozesse oder Dienstleistungen handelt. Diese Prozesse sind *nicht* Bestandteil des BPR. BPR betrachtet ausschließlich die den Produktionsprozess unterstützenden Prozesse – diese Querschnittsprozesse sind bereichsübergreifend und müssen deshalb einer betriebswirtschaftlichen Logik folgen, um Wert zu schaffen und nicht zu vernichten.

Hammer und Champy haben wenig später diese Definitionen erweitert, indem sie vier Kernforderungen für das BPR formulierten und damit als „Urheber" des Ansatzes gelten:

---

[1] Harrington H. J., Business Process Improvement, New York u. a. 1991, S. 9.

„Reengineering is the fundamental rethinking and radical redesign of business processes to achieve dramatic improvements in critical, contemporary measures of performance, such as cost, quality, service and speed.“[1]

Die darin enthaltenen vier Kernforderungen müssen laut den Autoren eingehalten werden, damit die Reorganisation als ein echtes BPR verstanden werden kann:

1. *Fundamental*: Es gilt, die fundamentalen Fragen zu stellen: Warum machen wir das, was wir machen? Was brauchen wir dazu wirklich und wie sollten wir es dann machen?
2. *Radical*: Es geht darum, nicht an der Oberfläche zu verbessern, sondern das gesamte Geschäft zu überdenken und ggf. radikal zu verändern.
3. *Dramatic*: BPR findet nicht statt, um marginale Verbesserungen zu erzielen. Es geht vielmehr darum, erhebliche Verbesserungen im Leistungsbereich des Unternehmens zu erreichen.
4. *Processes*: Reengineering gilt nur für Prozesse – eine prozessorientierte Sichtweise ist in solchen Projekten prioritär, es geht zunächst nicht um die Aufbauorganisation.

Business Process Reengineering ist damit definiert als der vollständige Neu-Entwurf (Re-Design) und die vollständige Neu-Gestaltung (Re-Engineering) von vorhandenen Geschäftsprozessen. In vielen mittelständischen Unternehmen gibt es bis heute keine ausformulierten Geschäftsprozesse in Form einer ISO-Zertifizierung und eines Qualitätsmanagement-Handbuchs – in diesem Fall spricht man vom Business Process Engineering: nämlich von dem erstmaligen Entwurf (Design) sowie von der erstmaligen Gestaltung (Engineering) eines Geschäftsprozesses.

Eine derart strikte und anspruchsvolle Definition von BPR hat natürlich Auswirkungen auf Inhalt und Ausgestaltung dieser Prozess-

[1] Hammer M. / Champy J., a.a.O., S. 32 ff.

Sichtweise. Es geht darum, den Blick für das Wesentliche zu schärfen und das Unwesentliche, Wertvernichtende aufzudecken. Dadurch liegt immer das Endprodukt der eigenen Wertschöpfung im Fokus der Betrachtung – Kundenorientierung und Kundenzufriedenheit sind die entscheidenden Größen, um den Käufermärkten (sowohl B2C als auch B2B) gerecht zu werden. Damit wird das Geschäft auch ergebnisorientierter steuerbar, denn der gesamte Geschäftsprozess wird über die ausschließlich am Endprodukt ausgerichteten *Key Performance Indicators* (KPI) geführt und nicht über bereichsindividuelle, selten kundenorientierte Kennzahlen. Optimiert wird die Abbildung und Steuerung der Geschäftsprozesse durch die modernen Informations- und Kommunikationstechnologien, deren Leistungsfähigkeit viel besser genutzt werden kann, da sie die verschiedenen Bereiche und ggf. auch Standorte vernetzen.

Die Vorteile der durch BPR eingeführten prozessorientierten Sichtweise liegen auf der Hand und dokumentieren, warum es sich um ein Thema des strategischen Managements handelt – dabei ist eindeutig, dass die Perspektive des Resource-Based View, also der Frage nach den Kompetenzen oder Fähigkeiten eines Unternehmens, in Kombination mit der SWOT-Analyse inkludiert ist:

- BPR legt klar fest, dass es um die Kernprozesse des Unternehmens geht, in denen Wert geschaffen wird. Die Prozesse sind damit Ausdruck der Strategie eines Unternehmens – sie bilden die Wertschöpfungskonfiguration ab, die z. B. in einem Geschäftsmodell strategisch formuliert wurde. Es heißt nicht mehr „*structure follows strategy*“, sondern „*process follows strategy, structure follows process*“ – erst die Definition der Kernprozesse, dann die der Organisationsstruktur.

- Das magische – weil prinzipiell konkurrierende – Zieldreieck Time, Cost, Quality (TCQ) kann durch BPR optimiert werden, da das Prozessdenken alle drei Größen verbessert: Abläufe werden bereichsübergreifend beschleunigt (*Time*), Kostentreiber werden durch effiziente Prozesse eliminiert (*Cost*), und die bereichsübergreifende Ausrichtung auf den Endkunden fördert das Qualitätsdenken (*Quality*).
- Bereichsübergreifende Prozesse führen zu interorganisatorischer Kommunikation und damit zu positiven Netzeffekten. Darüber hinaus wird jedem Mitarbeiter deutlich, welchen Beitrag er selbst für das Endprodukt leistet und wie dies mit dem Rest der Organisation verflochten ist.
- Prozesse lassen sich in Hauptprozesse, Unterprozesse, Teilprozesse, Aktivitäten und Tätigkeiten hierarchisieren, sodass jeder dieser Prozesse wiederum ergebnisorientiert gesteuert und optimiert werden kann und die einzelnen Tätigkeiten zeitlich sequenziell oder parallel organisiert werden können (s. Abbildung 27). Derart optimierte und standardisierte Geschäftsprozesse bieten eine Plattform für schnelles Wachstum, da sie z. B. für die Eröffnung neuer Standorte einfach dupliziert werden können.

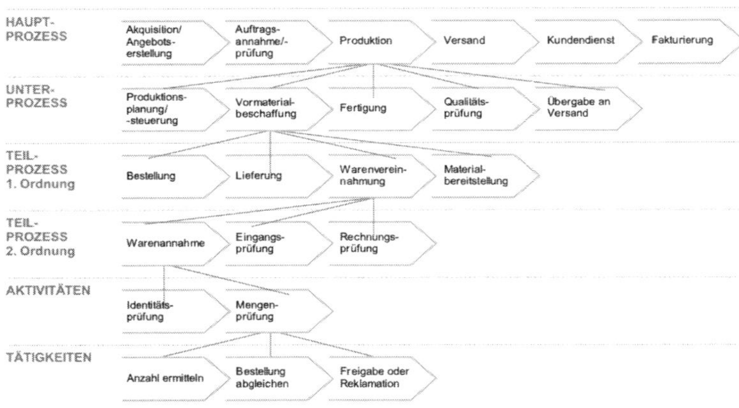

Abb. 27: Hierarchisierung eines Geschäftsprozesses[1]

BPR optimiert zunächst die betriebsinternen Abläufe, sollte danach aber auch zur Gestaltung der firmenübergreifenden Prozesse genutzt werden.[2] Der Ablauf ist in beiden Fällen identisch. Es gibt sieben Hauptschritte:[3]

1. Identifikation der Strategie des Unternehmens: Sie findet entweder über vorhandene Strategiedokumente statt oder mittels der vorgestellten Bezugsrahmen.

---

[1] In Anlehnung an Riekhof H.-C. (Hrsg.), Beschleunigung von Geschäftsprozessen, Stuttgart 1997, S. 55.

[2] Vgl. Hammer M., „Der Weg zum supereffizienten Unternehmen" in: Harvard Business Manager, Oktober 2004, S. 158–171. Firmenübergreifende Prozesse sind z. B. Lieferprozesse oder Entwicklungsprozesse zwischen Zulieferern und Produzenten.

[3] Vgl. Hammer M. / Champy J., a.a.O.

2. Festlegung der zur Durchsetzung der Strategie notwendigen strategischen Kompetenzen: Sie findet entweder über vorhandene Strategiedokumente statt oder mittels der vorgestellten Bezugsrahmen.

3. Durchführung einer detaillierten Prozessanalyse: Es sollen die Non-value-added-Tätigkeiten (Doppelarbeiten, Liegezeiten, Redundanzen etc.) aufgezeigt werden, indem gefragt wird,

   - ob alle Tätigkeiten eines Prozesses nötig sind,
   - ob einzelne Tätigkeiten qualitativ besser oder (bei gleicher Qualität) schneller ausgeführt werden können und
   - ob mehrere Tätigkeiten zusammengefasst werden können, um Schnittstellen und Wartezeiten zu verringern.

4. Auswahl der zu verändernden Prozesse: Im Anschluss an die Prozessanalyse werden die einzelnen Prozesse bewertet, um die Auswahl bzw. eine Priorisierung für das BPR zu treffen. Logischerweise können nicht alle Kernprozesse eines bestehenden Unternehmens auf einmal verändert werden, dies würde den laufenden Geschäftsbetrieb gefährden. Kriterien für die Auswahl sind

   - der Einfluss des Prozesses auf die Kundenzufriedenheit (wie stark ist der Kunde davon betroffen?),
   - die strategische Bedeutung des Prozesses (wie wichtig ist der Prozess für das Unternehmen?) und
   - die Optimierungspotenziale des Prozesses (welche Chancen gibt es?).

5. Festlegung der Key Performance Indicators (KPIs) für das BPR: Die KPIs für das Controlling der Prozesse nach Time, Cost, Quality werden in zwei Dimensionen abgebildet: nach der Effektivität (externe, auf Qualität ausgerichtete Sicht)

und nach der Effizienz (interne, auf Zeit und Kosten ausgerichtete Sicht). Die Prozess-Effektivität fragt: Wie sehr erfüllt der Prozess die Anforderungen des Endkunden bzw. der Teilprozess die Anforderungen des Hauptprozesses? Indikatoren sind z. B. Beschwerden, Garantiekosten, retournierte Produkte, abnehmende Marktanteile, verspätete Fertigstellung. Die Prozess-Effizienz fragt: Wie schnell und wie günstig ist der Prozess? Indikatoren sind z. B. Durchlaufzeit, Ressourceneinsatz, Wartezeiten je Ausbringungseinheit.

6. Operative Durchführung des BPR: Das BPR selbst wird in zwei Hauptschritten durchgeführt: Re-Design (Neu-Entwurf) und Re-Engineering (Neu-Gestaltung). Beim Re-Design kommt es auf die kreative Neu-Konzeption von Prozessen an: Warum macht man etwas und warum genau so und nicht anders? Entsprechend steht die Gestaltung der gesamten Tätigkeit im Vordergrund und nicht ihre Ausführung in kleinstmöglichen Tätigkeitsschritten. Außerdem werden die Prozesse auf das Ergebnis sowie den Kunden ausgerichtet und nicht auf die Tätigkeiten. Das Re-Engineering umfasst die operative Prozess-Neu-Gestaltung: WER (verantwortliche Organisationseinheit) soll WAS (Tätigkeit, Aufgabe) WANN (Zeitpunkt, auslösendes Ereignis, Zeitraum) und WOMIT (benötigte Informationen) machen?

7. Permanente Überwachung und kontinuierliche Verbesserung der neuen Prozesse: Die Steuerung der neuen Prozesse anhand der KPIs mittels Soll-Ist-Abgleichen ist abschließende und fortwährende Aufgabe eines BPR. Sofern sich die Strategie und damit die Geschäftstätigkeit des Unternehmens nicht deutlich verändert, reicht von diesem Zeitpunkt an eine kontinuierliche Verbesserung der Prozesse aus, um wettbewerbsfähig zu bleiben. Wird diese kontinuierliche Verbesserung unterlassen (oder ändert sich die Strategie des Unternehmens), so ist ein neues BPR-Projekt nach einigen Jahren wieder zwingend notwendig.

Auch wenn der Ablauf von BPR in den sieben Schritten immer gleich ist, so gestalten sich die Projekte in der Praxis – determiniert durch die interne Situation des Unternehmens, aber auch durch die Branche, das Produkt und das externe Umfeld – sehr unterschiedlich. Hammer und Champy haben dennoch bereits Anfang der 1990er-Jahre auf einer höheren Abstraktionsebene über viele Projekte hinweg Regelmäßigkeiten festgestellt.

Beim Re-Design tauchen insbesondere die folgenden Lösungsansätze immer wieder auf[1]:

- Einzeltätigkeiten werden zusammengefasst.
- Beschäftigte entscheiden mit.
- Die Prozessschritte werden in einer natürlichen Reihenfolge durchgeführt.
- Prozesse haben verschiedene Versionen.
- Die Arbeit findet dort statt, wo es am meisten Sinn macht.
- Überprüfungen und Kontrollen werden reduziert.
- Abstimmungsrunden werden minimiert.
- Ein Projektverantwortlicher ist zentraler Ansprechpartner.
- Mischformen aus zentralen und dezentralen Arbeitsschritten herrschen vor.

---

[1] Übersetzt nach Hammer / Champy, a.a.O., S. 51ff.

Und beim Re-Engineering zeigen sich insbesondere die folgenden Ergebnisse und damit Veränderungen für die Arbeit im Unternehmen[1]:

- Arbeitseinheiten verändern sich – funktionale Abteilungen werden zu Prozessteams.
- Aufgaben verändern sich – von einfachen Tätigkeiten zu multi-dimensionaler Arbeit.
- Rollen verändern sich – nicht mehr kontrolliert, sondern ermächtigt.
- Arbeitsvorbereitungen verändern sich – aus Training wird Ausbildung.
- Der Schwerpunkt der Leistungsmessung und Vergütung verändert sich – von Aktivitäten zu Ergebnissen.
- Beförderungskriterien verändern sich – von Leistung zu Fähigkeit.
- Werte verändern sich – von verhindernd zu schaffend.
- Manager verändern sich – von Aufsichtspersonen zu Coaches.
- Organisationsstrukturen verändern sich – von hierarchisch zu flach.
- Geschäftsleitungen verändern sich – von Verwaltern zu Führungspersonen.

Oftmals allerdings werden BPR-Projekte nicht den Kernforderungen von Hammer und Champy gerecht, und damit treten die aufgezeigten Lösungsansätze und Ergebnisse nicht ein. Der Grund dafür ist, dass BPR immer wieder als Deckmantel für reine Kostensenkungsprojekte dient. Dadurch wird BPR nicht auf die strategische Optimierung und instrumentelle Verbesserung fokussiert. Verbesserungspotenziale werden lediglich über eine Reduktion der Mitarbeiterzahl erzielt und Produktivitätssteigerungen sind nur von kurzer Dauer.

[1] Übersetzt nach Hammer / Champy, a.a.O., S. 65 ff.

Zur Lösung dieses Problems ist BPR ab Mitte der 90er-Jahre um die Komponente der ganzheitlichen Betrachtung und des Change Managements erweitert worden. Dieser Ansatz ist auch unter dem Begriff der „Unternehmenstransformation" bekannt – in einem tief greifenden und proaktiven Prozess werden alle Unternehmensbereiche, die Unternehmenskultur und alle Mitarbeiter in die Reorganisation des Unternehmens einbezogen, um einen wirklichen strategischen Wandel in den Köpfen zu erreichen. Kernfaktoren einer Unternehmenstransformation sind permanentes Top-Management-Engagement sowie die gemeinsame Formulierung und Kommunikation einer neuen Vision. Operativ betrachtet muss dabei eine Innovation in allen Prozessen oder Feldern angestrebt werden, bei der sämtliche Mitarbeiter unter Berücksichtigung ihrer individuellen Ängste in die Veränderungen einbezogen werden. Und um erfolgreich zu sein, ist die Transformation entlang der Ziele hartnäckig zu steuern, das heißt, die Ergebnisse sind laufend umzusetzen, Verbesserungen müssen ständig einbezogen und der lange Prozess muss durchgehalten werden.

In der Praxis laufen die Projekte gemäß den sieben Schritten ab, wobei in der Regel nur zwischen den drei Phasen Bestandsaufnahme, Redesign/Reeingineering und Implementierung unterschieden wird. Echte BPR- oder auch Transformationsprojekte brauchen bis zur finalen Implementierung der Prozesse mindestens ein Jahr, bei großen Organisationen können sie auch mehrere Jahre in Anspruch nehmen. Dementsprechend weisen die Projekte eigene Projekt-Organisationen auf, in denen es Lenkungsausschüsse, Projektleiter und Arbeitsteams sowie Kommunikationsstäbe gibt. Die zur Erreichung des Ziels notwendigen Aufgaben werden unter den Projektmitarbeitern (Mitarbeiter des Unternehmens und ggf. externe Berater) verteilt und im Rahmen eines Maßnahmencontrollings gesteuert, bis das Projekt zu Ende geführt worden ist und die neuen Prozesse laufen.

3.2.2 Ein Umsetzungsbeispiel

In dem folgenden Beispiel geht es um ein Unternehmen, das Leistungen im Bereich der Montage von Objekten (Häuser etc.) anbietet.[1] Das Unternehmen hatte eine funktionale Struktur nach Gewerken (Elektriker, Elektroniker, Maurer etc.), wobei jedes Gewerk ein eigenes Profit-Center war, d. h. dessen Leiter war umsatz-, kosten- und ergebnisverantwortlich. Diese Struktur fand sich in vier Hauptniederlassungen (Nord, Süd, Ost und West) wieder und wurde von einer Zentrale aus geführt. Projekte, die mehrere Gewerke involvierten –der typische Fall –, wurden zentral geplant. Allerdings räumten die Leiter der Profit-Center ihren eigenen Projekten höhere Priorität ein als fremden Projekten, sodass oftmals der abgesprochene Zeitplan nicht eingehalten wurde, Leerzeiten entstanden und die Kunden verärgert waren. Da das Unternehmen einen hohen Auftragsbestand hatte, führte dies nicht nur zu Unzufriedenheit bei den Kunden, sondern auch zu ökonomischen Ineffizienzen.

Um diesen Problemen zu begegnen, initiierte die Geschäftsführung ein Projekt, mit dem effiziente, kundenorientierte Prozesse eingeführt werden sollten. Zunächst ging es um eine umfassende Bestandsaufnahme: In Workshops wurde der Ist-Kernprozess erarbeitet, da er nicht in niedergeschriebener Form vorlag. Danach wurde mittels einer Funktionskostenanalyse ermittelt, welche Funktionen mit welchen Tätigkeiten und in welchem zeitlichen und kostenseitigen Einsatz diesen Prozess durchführen. Die Abbildung 28 fasst die Ergebnisse auf der obersten Ebene zusammen[2].

---

[1] Es handelt sich dabei um ein anonymisiertes Beratungsprojekt aus den 90er-Jahren. Das Unternehmen machte damals mehrere hundert Millionen D-Mark Umsatz.

[2] Selbstverständlich sind in solchen Projekten alle Ergebnischarts durch eine Vielzahl von Detailanalysen und Abbildungen hinterlegt.

	Akquisition/Anfrage	Planung	Ausführung	Faktura	
Detail-schritte	• Akquisition/Anfrage • Vorplanung/Architekt/ Kunde	• Ortstermin 1 • Planungserstellung • Erstellung LV/ Massenermittlung • Ausschreibung • Preisspiegel • Ortstermin 2 • Detailplan/technischer Ausführungsplan • Zahlungsplan • Gesamtangebots-erstellung • Ortstermin 3 • Bestellung/Projekt-material/Bauzeitplan	• Detaillierte Einsatz-/ Material-/Subplanung • Materialbestellung, Monteur-, Sub- und Materialdisposition • Operative Durchführung • Änderungs-/Nach-tragsanträge	• Abnahme • Massenermittlung • Aufmaß schreiben • Faktura • Nachkalkulation	***22 Detail-schritte***
Funk-tionen	• PC-Leiter • Sachbearbeiter (Vertrieb)	• PC-Leiter • Bauleiter • Sachbearbeiter	• PC-Leiter • Sachbearb. • Bauleiter • Monteur • Disponent • Lagerist	• PC-Leiter • Disponent • Bauleiter • Sachbearb.	***max. 6 Funk-tionen***
Auf-gaben	4 Hauptaufgaben	25 Hauptaufgaben	44 Hauptaufgaben	8 Hauptaufgaben	***81 Haupt-aufgaben***
Kapa-zität	7,18 MJ	41,47 MJ	330,87 MJ	18,80 MJ	***398,32 MJ***
Personal-kosten	746 TDM	4.080 TDM	28.785 TDM	1.810 TDM	***35.421 TDM***

Abb. 28: Ist-Prozess Montage – ca. 400 Mannjahre[1] sind direkt in den vier Hauptschritten des Kernprozesses gebunden

Es ist zu erkennen, dass insbesondere die Ausführung im Ist-Zustand eine hohe Komplexität aufwies. Sechs verschiedene Funktionen führten 44 Hauptaufgaben durch, und dadurch wurden über 80 Prozent der Kapazitäten und Personalkosten gebunden. Der Planungsschritt hingegen war vergleichsweise gering involviert, obwohl eine gute Planung erhebliche Vorteile in der Ausführung bringen kann. Weitere Problemanalysen bei Kunden und im internen Umfeld bestätigten die Vermutung, dass der Schritt der Ausführung durch die Komplexität auch zur unternehmensweiten Schwachstelle geworden war:

[1] Mannjahre weisen die tatsächliche Arbeitskapazität eines Mitarbeiters aus, die einem Unternehmen zur Verfügung steht. Eine Halbtagskraft zählt personell betrachtet als ein Mitarbeiter, stellt jedoch nur ein halbes Mannjahr dar.

		Planung	Ausführung	Faktura
		• Fehlerhafte Angebotserstellung im freien Markt • Zeitliche Überbelastung des Bauleiters • Zahlungspläne für freien Markt werden nicht erstellt	• Zu weite Fahrtstrecken wg. ineffizienter Disposition • Zu wenig Leute auf zu vielen Kfz • Materialanlieferungen an die BS ineffizient • Disposition von Subunternehmer unzureichend • Möglichkeit der Vormontage wird zu selten wahrgenommen • Einweisungen finden unzureichend statt • Sicherheitsbelehrungen finden nicht statt • Detailpläne sind nicht rechtzeitig bekannt • Kaum Koordination/Kontrolle auf der Baustelle • Kaum Kontrolle Subunternehmer • Nachträge werden nicht sofort geschrieben • Grad der Nacharbeit zu hoch • Interne Abnahme findet nicht immer statt • Materialrückführung wird selten praktiziert • Massenermittlung oft zu spät („Grube zu")	• Soll-Ist-Vergleich und Nachkalkulation zur Kontrolle des Objekts nicht durchgängig vorhanden • Rechnungsstellung zu langsam/zu späte Aufmassnahme • Mahnwesen zu langsam
Problembedeutung in den Regionen	**Nord**	mittel	hoch	niedrig bis mittel
	Ost	mittel	hoch	niedrig
	Süd	niedrig bis mittel	mittel bis hoch	mittel
	West	mittel	mittel bis hoch	mittel

Abb. 29: Häufung von Detailproblemen in der Ausführung – Gewichtung in den Niederlassungen unterstreicht den kritischen Zustand

Nach diesen Erkenntnissen ging es im nächsten Schritt darum, gemeinsam mit dem Kunden Lösungsansätze für das Design und Engineering der Hauptprozessschritte vorzunehmen, wobei der Fokus auf der Ausführung lag. Im Ergebnis wurde nach vielen Workshops und Konzeptionsrunden der folgende Zielprozess verabschiedet:

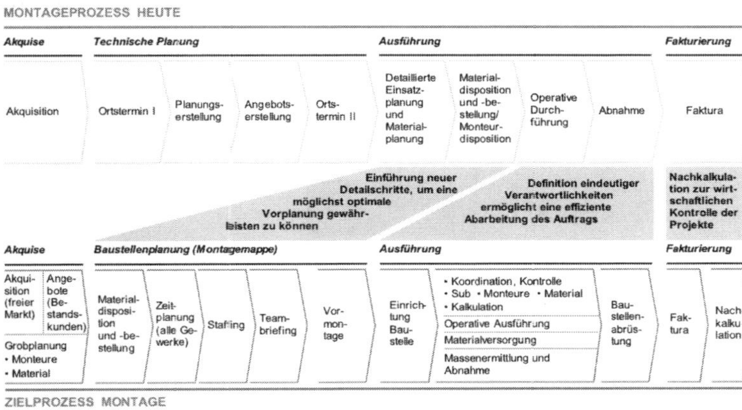

Abb. 30: Einführung neuer, vorgezogener Detailschritte und eindeutiger Verantwortlichkeiten für den Zielprozess

Der neue Zielprozess sah demnach vor, zwei Schritte aus der Ausführung in die Planung vorzuziehen („Planung ist das halbe Leben") und mit einer detaillierten Planungsanweisung (der sogenannten Montagemappe) zu hinterlegen. Ergänzend hierzu musste eine eindeutige Verantwortung für das Projekt etabliert werden – weg von der Verantwortung für ein Gewerk bzw. einen Bereich hin zur Verantwortung für den Prozess und damit für das Ergebnis beim Kunden. Last but not least wurde in dem neuen Prozess eine Nachkalkulation als letzter Schritt eingeführt, um erstmals eine wirtschaftliche Kontrolle auf Projektebene zu erhalten. Dieser Zielprozess variierte selbstverständlich in Abhängigkeit von bestimmten Kundengruppen in der Akquisition sowie in Abhängigkeit vom Einsatz von Architekten oder anderen Subunternehmern in der Planung und Ausführung. Die prinzipielle Denkweise, möglichst viele Tätigkeiten frühzeitig zu planen und vorzubereiten, um schnell und ohne Probleme den Auftrag des Kunden zu erfüllen, war allerdings bei allen Varianten identisch.

Im Rahmen dieses neuen Prozessablaufs musste auch geklärt werden, in welchen organisatorischen Funktionen der Prozess stattfinden sollte. Die neue Zielorganisation löste logischerweise das alte Bereichsmodell auf:

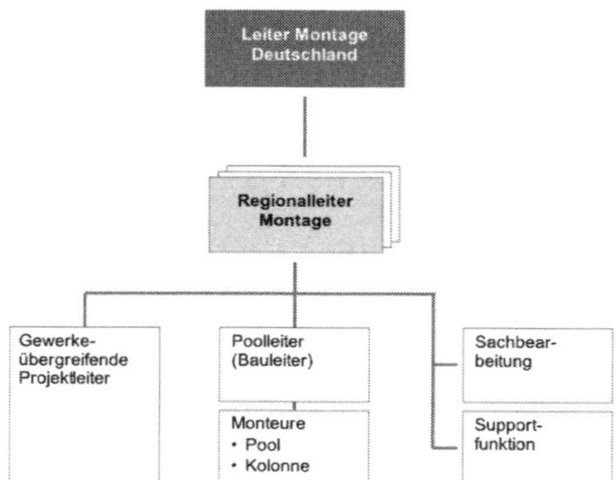

Abb. 31: Neue Aufbauorganisation – Verzicht auf gewerkeorientierte Führung des Geschäfts

Es gab nun einen gesamtverantwortlichen Leiter des Montage-Geschäfts sowie vier regionale Leiter, die in ihren Regionen die Gewerke gesamthaft führten und umsatz-, kosten- und ergebnisverantwortlich waren. Darunter gab es je Standort einige gewerkeübergreifende Projektleiter, die einzelne Projekte verantworteten und auch in die Akquisition involviert waren – zusammen mit dem Regionalleiter oder dem gesamtverantwortlichen Leiter. Sämtliche anderen Monteure, die nicht Projektleiter waren, wurden in einem Poolkonzept geführt, das durch einen Poolleiter geführt wurde: Dieser war insbesondere für die Kapazitäts- und Einsatzsteuerung aller Monteure einer Niederlassung verantwortlich, um damit konkurrierende Situationen zu vermeiden. Auf diese Art wurde auch in der Aufbauorganisation das Prozessdenken abgebildet und das Bereichsdenken abgeschafft.

Durch die Kombination von neuem Prozess und neuen Funktionen entstanden in der Folge detaillierte Prozessabläufe bzw. Handlungsanweisungen, die exemplarisch auf der ersten, obersten Ebene dargestellt sind:

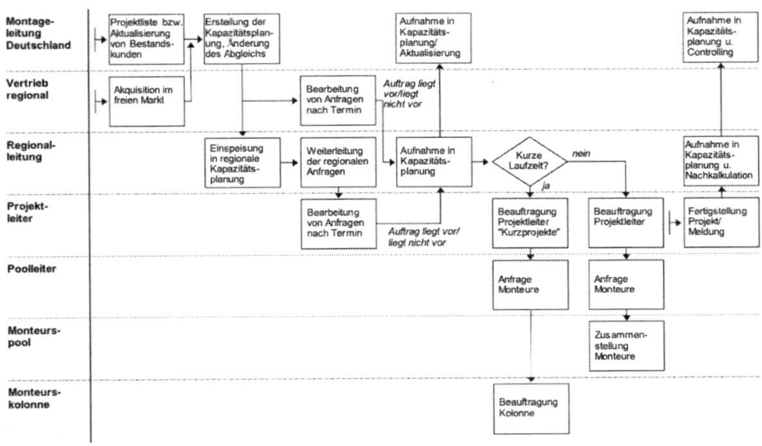

Abb. 32: Soll-Prozessablauf Montage unter Einbezug neuer Funktionen

Dieser Hauptprozess wurde final auf über 80 Seiten detailliert, um jede Funktion und jede Tätigkeit abzubilden und so den Mitarbeitern darzulegen, wie zukünftig ein Montage-Projekt optimal ablaufen sollte. In der Implementierung fanden zunächst Pilotprojekte statt, in denen der neue Ablauf getestet wurde, danach wurden die Mitarbeiter intensiv auf den neuen Ablauf und ihre teilweise neuen Verantwortlichkeiten geschult. Im Ergebnis war es durch die neue Prozessorganisation möglich, die vorhandenen Projekte zur Zufriedenheit der Kunden schneller, besser und effizienter abzuarbeiten, was sich auch in dem Gesamtergebnis des Montage-Geschäfts niederschlug.

3.3 Strategisches Markenmanagement

Das strategische Management der Marke ähnelt bei vielen Unternehmen dem strategischen Management der Geschäftsbereiche, da Geschäftsfelder oder Beteiligungen oftmals auch eigene Marken sind. Aber auch reine Produktmarken müssen nach strategischen Überlegungen geführt werden, um langfristig erfolgreich zu sein. Theodore Levitt hat hierzu bereits 1979 den entscheidenden Gedanken formuliert, dass Unternehmen, die kontinuierliches Wachstum erzielen wollen, die Märkte aus der Perspektive der Kunden betrachten müssen, da in dynamischen Umwelten kein Zustand als gegeben angesehen werden kann und der Kunde ein Souverän ist. Als ein Beispiel nannte er die Relevanz der amerikanischen Eisenbahnen: Diese nahm ab, weil die Unternehmen sich nicht als Transportgesellschaften sahen, sondern als Eisenbahngesellschaften. Ihre Strategie fokussierte sich auf das Produkt „Eisenbahn", aber nicht auf das Kundenbedürfnis „Transport". Entsprechend verloren sie ihren Initialvorteil, und die wachsende Nachfrage wurde durch Pkw, Lkw, Flugzeuge gedeckt.[1]

Um diese fundamentale Überlegung und weitere Aspekte detailliert aufzubereiten, werden wir die folgenden Fragen betrachten:

- Was ist strategisches Markenmanagement? Warum hat es sich entwickelt? Welche Komponenten und Ausprägungen hat es?
- Was ist der Markenwert? Wie kann man ihn messen? Worauf beruht er?
- Wie sieht die Zukunft des Markenmanagements aus? Welche Herausforderungen gibt es?
- Wie kann man die eigene Markenposition erkennen und die Marke ggf. in die gewünschte Position entwickeln?

---

[1] Siehe Levitt T., „Marketing-Kurzsichtigkeit" in: Harvard Business Manager, Oktober 2004, S. 106–129.

3.3.1 Die Marke: Komplex und inzwischen unverzichtbar

Die Marke selbst ist seit dem Ende der 1980er-Jahre immer stärker in den Mittelpunkt gerückt, sowohl bei Praktikern als auch bei Wissenschaftlern.[1] Einer der bereits erwähnten Treiber hierfür war die Einführung der marktorientierten Strategie-Perspektive durch Michael Porter – Markenmanagement basiert direkt auf den Erkenntnissen von SWOT-Analyse und Market-Based View.

Ein anderer Treiber war der Wandel von den Anbietermärkten zu den Käufermärkten, der inzwischen in allen Konsumgütermärkten stattgefunden hat. Vor diesem Wandel dominierten das Produkt und die produktionsorientierte Sichtweise: In den Zeiten des Aufschwungs ab den 1950er-Jahren und vor dem Hintergrund steigenden Wohlstands produzierten die Anbieter, was sie für technisch sinnvoll hielten und was ökonomisch zu sinkenden Stückkosten führte. In den damaligen Märkten kauften die Kunden diese Produkte als Erstkauf, mit zunehmender Saturierung der Märkte wuchs jedoch der Druck bei den Herstellern, denn ab Mitte der 1970er-Jahre hatte fast jeder Haushalt ein Telefon, einen Fernseher oder ein Auto. Es entstand zum einen mehr Wettbewerb um den einzelnen Kunden, zum anderen mussten die Kunden zu Zweit- oder Ersatzkäufen bewogen werden. Damit rückte das Marketing als Funktion verstärkt in den Mittelpunkt der Unternehmensführung: Die Produktion sollte sich nun in Abstimmung mit dem Marketing an den vermuteten Wünschen der Kunden orientieren, um in den Käufermärkten erfolgreich zu sein. Diese marktorientierte Unternehmensführung wird allerdings bis heute nur von den großen, erfolgreichen Konsumgüterunternehmen gelebt – dort gibt es dezidierte Marketingvorstände oder entsprechende Geschäftsführer. In allen anderen Unternehmen ist Marketing und damit auch die Marke selbst keine reine Chefsache, sondern primär in der Funktion des Marketing-Leiters auf der zweiten Führungsebene verankert.

---

[1] Vgl. zu den Ausführungen dieses Abschnitts z. B. Kotler P. / Bliemel F., Marketing-Management (10. Aufl.), Stuttgart 2001, oder Esch F.-R. (Hrsg.), Moderne Markenführung, Wiesbaden 2001.

Dies ist allerdings ein großer Fehler, denn strategisches Markenmanagement ist die langfristige Bindung des Kunden an ein bestimmtes Produkt oder eine bestimmte Produktreihe und sollte damit als Wachstums- und Umsatzgarant in jedem Fall Chefsache und für die Unternehmensstrategie zentral sein. In Konsumgütermärkten (kurz- wie langlebige Güter) gilt dies uneingeschränkt, bei Investitionsgütern und dabei insbesondere in der Auftragsfertigung herrschen teilweise immer noch Anbietermärkte vor.

Nun gelten diese Ausführungen nicht für alle Unternehmen, denn nicht alle Produkte sind Marken. Ein neu gegründetes Unternehmen verfügt am Anfang über ein Produkt (bzw. eine Leistung). Dieses Produkt hat in der Regel ein physisches Kennzeichen, das die Herkunft erläutert, also einen Namen oder ein Symbol. In diesem Fall handelt es sich lediglich um ein markenrechtliches Verständnis, das Produkt ist sozusagen eine kraftlose Marke. Um eine kraftvolle Marke zu werden, muss sich das neue Produkt im Wettbewerb und beim Kunden beweisen. Dies ist die sogenannte wirkungsbezogene Sichtweise: Ein Produkt ist nur dann eine Marke, wenn es beim Konsumenten ein positives, relevantes und unverwechselbares Image aufgebaut hat. Bis sich das Produkt im Bewusstsein der Konsumenten festgesetzt hat, bedarf es normalerweise einiger Jahre und mehrerer Produktinnovationen.

Wenn das Produkt zu einer Marke geworden ist, dann verfügt es im Innersten über einen Markenkern, das sind die schwer verrückbaren relevanten Werte und Gedächtnisstrukturen. Weiter nach außen gehend weist eine Marke zunächst nicht-greifbare Eigenschaften wie emotionale Aspekte und Erinnerungen auf. Danach kommen die greifbaren Eigenschaften, welche die Funktionalität des Produktes ausmachen, und zum Schluss die physischen Attribute des Produktes:

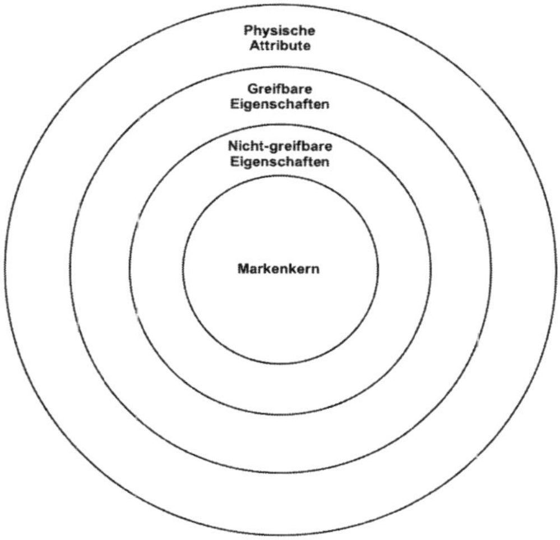

Abb. 33: „Zwiebelmodell" einer Marke

Marken werden normalerweise nur im physischen und funktionalen Bereich verändert (etwa durch andere Verpackungen oder die Verbesserung der Streicheigenschaften bei Margarine), denn die beiden inneren Bereiche führen zur Identifikation mit und zur Bindung an eine Marke. Ein starker Markenkern kann unter einem guten Markenmanagement für Jahrzehnte Bestand haben und erfolgreich sein, wie dies z. B. Nivea oder Coca-Cola beweisen. Er kann allerdings auch unter schlechtem Management extrem leiden – ein Beispiel hierfür ist die geplante, jedoch letztlich abgesagte Versenkung der Bohrplattform Brent Spar durch den Mineralölkonzern Shell im Jahr 1995. Die Proteste der Konsumenten führten in Deutschland zu Rückgängen des Marktanteils sowie negativen Emotionen, die bis heute mit der Marke assoziiert werden und sie geschwächt haben.

Auch Unternehmen besitzen einen Markenkern, der jedoch wesentlich komplexer ist, weil hier eine Vielzahl von Produkten, Produktgruppen oder Geschäftsfeldern zusammentrifft. Dieser Markenkern lässt sich allerdings sehr aktiv gestalten. Er basiert auf den internen

Werten (Internal Values) des Unternehmens, welche die Frage „Woran glauben wir?“ beantworten. Diese internen Werte müssen in einem ersten Schritt in das Wertangebot (Value Proposition) transformiert werden. Hier lautet die zentrale Frage: „Welchen Wert schaffen wir für unsere Zielgruppen?“ Im letzten Schritt schließlich gilt es, dieses Wertangebot in ein marktgerechtes Markenversprechen (Brand Promise) zu übersetzen: „Was kommunizieren wir an unsere Zielgruppen?“ Das Markenversprechen kann, muss jedoch nicht identisch mit dem Slogan des Unternehmens sein.

Befolgt ein Unternehmen diese Schritte und ist es sich selbst gegenüber ehrlich, so verfügt sein Markenkern trotz vorhandener Produkt-Komplexität über eine konsistente Terminologie. In diesem Fall erfährt der im Markt angesprochene Zielkunde ein Markenversprechen und ein Wertangebot, das vom Unternehmen auch gehalten wird, da die echten internen Werte von Mitarbeitern und Produkten abgebildet werden: die geweckte Erwartungshaltung wird erfüllt. Die folgende Abbildung zeigt am positiven Beispiel von BMW diesen in beide Richtungen verlaufenden Prozess zur Gestaltung von Unternehmens-Markenkernen:

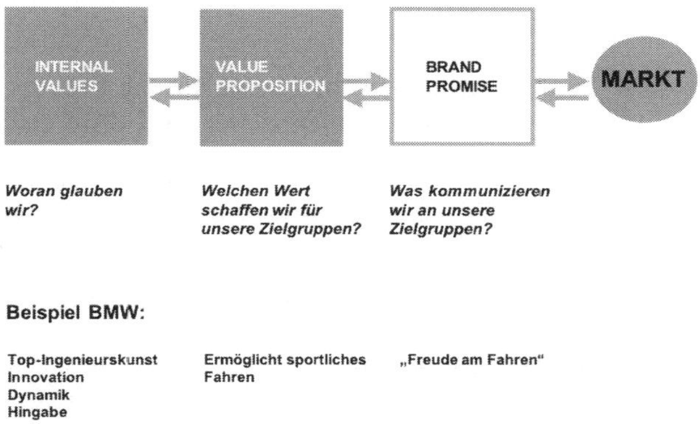

Abb. 34: Gestaltung von Unternehmens-Markenkernen[1]

Wer sich von „Freude am Fahren" angesprochen fühlt, wird dieses Markenversprechen auch in den internen Werten und damit in den Produkten sowie dem Selbstverständnis der BMW-Mitarbeiter wiederfinden. Bei der Gestaltung von Unternehmens-Markenkernen sollte weiterhin auf Folgendes geachtet werden[2]:

- Die internen Werte sollten möglichst marktorientiert und nicht beliebig sein.
- Das Wertangebot sollte nicht aus der internen sondern aus der externen Perspektive heraus formuliert sein, d. h. die Erwartungen und Wünsche der (potenziellen) Kunden aufgreifen.

---

[1] Markengestaltungsansatz von Nissen Bickhoff Carstensen.

[2] Erfahrungen von Nissen Bickhoff Carstensen auf Basis zahlreicher Projekte und Benchmarks.

- Der Nutzen für die Zielgruppen sollte dabei konkret und nicht abstrakt formuliert werden.
- Die Aussagen sollten emotional und nicht rational formuliert sein (denn mehr als zwei Drittel aller Entscheidungen folgen emotionalen Begründungen).

Wenn es diese Punkte sowie den oben beschriebene Prozess befolgt, kann jedes Unternehmen einen authentischen und differenzierenden Markenkern gestalten.

Im Allgemeinen ist die Marke für den Konsumenten eine verdichtete Information, die ihm bei der Orientierung in der Vielfalt der Angebote hilft. Für das Unternehmen ist die Marke die Möglichkeit zur Differenzierung. Baumgarth definiert die Marke sehr zutreffend so: „... ein Name, Begriff, Zeichen, Symbol, eine Gestaltungsform oder eine Kombination aus diesen Bestandteilen, welches bei den relevanten Nachfragern bekannt ist und im Vergleich zu Konkurrenzangeboten ein differenzierendes Image aufweist, welches zu Präferenzen führt.“[1]

Das strategische Markenmanagement (auch: Markenführung) setzt erst dann ein, wenn eine Marke sich entwickelt hat bzw. aktiv aufgebaut wurde. Strategisches Markenmanagement soll Kunden langfristig an das Unternehmen binden und die Marke stärken. Dafür ist eine exakte Kenntnis des relevanten Marktes und der eigenen Positionierung in diesem Wettbewerbsumfeld notwendig. Auf dieser Basis muss die Führungsebene regelmäßig über vier Dimensionen entscheiden:

1. Breite der Marke: Wie viele Produkte sollen unter einer Marke geführt werden? Dies ist analog zur Corporate Strategy die explizite Frage nach dem *Parenting Advantage* einer Dachmarke, wie er beispielsweise im Fall von General Electric vorhanden ist. Gibt es keine Dachmarke, dann liegt eine Einzelmarke vor.

---

[1] Baumgarth C., Markenpolitik, Wiesbaden 2001, S. 6.

2. Tiefe der Marke: Wie viele Marken sollen in einem Geschäftsfeld geführt werden? Dies ist analog zur Business Strategy die explizite Frage nach dem *Competitive Advantage*: Welchen Wettbewerbsvorteil bringt eine Mehrmarkenstrategie wie die von Volkswagen (Golf, Lupo, Passat, Phaeton etc.) gegenüber einer Einmarkenstrategie?

3. Markenhierarchie: Wie werden verschiedene Marken im Unternehmen arrangiert? Warum ist der Phaeton eine Untermarke (Sub-Brand) von Volkswagen und nicht eine Hauptmarke (Top-Brand) wie Audi, Seat, Bentley etc. geworden?

4. Markenportfolio: Wie soll die Gesamtheit aller vorhandenen Marken aussehen? Hier geht es wie im Strategieportfolio um die Rollen der Marken (strategische Marke, Prestigemarke, Cash Cow etc.) und die Nachhaltigkeit des Portfolios insgesamt.

Es ist offensichtlich, dass es sich bei diesen Fragen allein durch die Ähnlichkeit zu Kernfragen der Strategie um eine Aufgabe handelt, die von Vorstand oder Geschäftsführung durchgeführt werden sollte. Die Umsetzung in den Märkten sollte dann vom Marketing verantwortet werden, das sich dabei der Instrumente des Marketingmix bedient.[1]

Zielgröße des strategischen Markenmanagements und seiner Verantwortlichen ist selbstverständlich die Steigerung des Markenwertes, denn „*Value makes a brand, and as a result a brand has added value.*"[2] Ganz allgemein umschreibt der Markenwert eine Gruppe von Vorzügen und Nachteilen, die mit einer Marke, ihrem Namen oder Symbol im Zusammenhang stehen und den Wert eines Produktes oder Dienstes für ein Unternehmen oder seine Kunden mehren oder mindern.[3] Ökonomisch gesehen ist der Markenwert der

---

[1] Auf den bekannten Marketingmix und seine 4 P (product, price, place, promotion) soll hier nicht weiter eingegangen werden.

[2] Pearson S., Building Brands Directly, London 1996, S. 6.

[3] Vgl. Aaker D. A., Management des Markenwerts, Frankfurt/Main 1992, S. 31.

Barwert aller zukünftigen Einzahlungsüberschüsse, die aufgrund der Marke entstehen. Finanzwirtschaftlich wird er also in Geldeinheiten ausgedrückt und führt direkt zu einer Steigerung des Unternehmenswertes. Marketingseitig ist es der zusätzliche Wert, den ein Produkt durch die Marke erhält. Wenn das eigene Produkt gegenüber einem identischen Konkurrenzprodukt bevorzugt wird, dann begründen diese differenzierenden Merkmale den Markenwert. Je ausgeprägter und stärker sie sind, desto höher ist der Wert der Marke. Für das Marketing ist daher die verhaltenswissenschaftliche Frage, wie der Markenwert entsteht und erhöht werden kann, viel interessanter als die Frage nach dem ökonomischen Wert der Marke.[1]

Die ökonomischen Messungen des Markenwertes finden z. B. durch das Marktforschungsinstitut Interbrand[2] statt, das seine Ergebnisse einmal im Jahr in der *Business Week* publiziert. Der Prozess der Ergebnisermittlung ist dabei nicht offengelegt, sondern nur sehr qualitativ beschrieben. Und inwiefern die absolute Höhe der Schätzungen korrekt ist, ist auch fragwürdig, da es verschiedene Schätzmethoden mit unterschiedlichen Ergebnissen gibt. Nichtsdestotrotz werden diese Schätzungen als Anhaltspunkt genommen, um den Kauf und Verkauf von Markenrechten durchzuführen, Lizenzpreise zu ermitteln oder Schadenersatzforderungen zu bewerten. Viel interessanter ist die langfristige Betrachtung der Entwicklung von Markenwerten: Welche Firmen schaffen es, ihre Markenwerte im Rahmen derselben Methodik (z. B. Interbrand) zu steigern? Die folgende Abbildung zeigt, dass es von den 20 wertvollsten Marken der Welt des Jahres 2000 gerade einmal 11 bis 2007 geschafft haben – strategisches Markenmanagement ist also eine echte Herausforderung.

---

[1] Vgl. für die verschiedenen Formen der Markenwertmessung z. B. Bentele G. / Buchele M.-S. / Hoepfner J. / Liebert T., Markenwert und Markenwertermittlung, Wiesbaden 2005.

[2] www.interbrand.com

Marke	2000-2007	Marke	2000-2007
Coca-Cola	-11%	Mercedes (DaimlerChrysler)	+14%
Microsoft	-16%	Citibank	+21%
IBM	+8%	Hewlett-Packard	+5%
GE	+37%	American Express	+31%
Intel	-21%	Gillette	+18%
Nokia	-13%	BMW	+69%
Disney	-15%	Cisco	-5%
McDonald's	+4%	Honda	+20%
Toyota	+68%	Ford	-75%
Marlboro (Altria Group)	-5%	Sony	-19%

Abb. 35: Entwicklung des Markenwertes der 20 wertvollsten Marken der Welt zwischen 2000 und 2007 (total)

Im Gegensatz zu den ökonomischen Messungen gibt es die verhaltenswissenschaftlichen Modelle, die den Kunden und seine Präferenzen einbeziehen. Sie resultieren entweder in Gesamtpunktwerten aus Scoring-Modellen oder positionieren Marken im Wahrnehmungsraum per multidimensionaler Skalierung.[1] Dabei basiert der verhaltenswissenschaftliche Markenwert auf fünf teilweise interdependenten Bausteinen, die wichtige Anhaltspunkte für eine erfolgreiche Markenführung mit dem Ziel der Wertgenerierung für die Kunden und für das Unternehmen darstellen:[2]

1. Markentreue: Ziel ist, die langfristige Bindung des Kunden an die Marke zu erreichen, indem der Kunde und die Kundenzufriedenheit in den Mittelpunkt der Bemühungen gestellt werden.

[1] Beispiele werden im nächsten Abschnitt vorgestellt.
[2] Vgl. Aaker D. A., a.a.O., S. 31

2. Bekanntheit: Ziel ist, den Namen der Marke bekannt zu machen, da Neukunden bekannte Marken unbekannten Marken aufgrund der Vertrautheit vorziehen.

3. Angenommene Qualität: Ziel ist, die vom Kunden angenommene und nur selten feststellbare Qualität zu steigern, da sie direkten Einfluss auf Kaufentscheidungen und Markentreue hat.

4. Weitere Markenassoziationen: Ziel ist, die Marke mit weiteren Assoziationen bzw. Gefühlen des Kunden anzureichern, weil auch dies die Kaufentscheidung positiv beeinflusst (ein Jaguar oder ein Porsche vermittelt dem Kunden ein bestimmtes Lebensgefühl).

5. Andere Markenvorzüge: Ziel ist, andere Markenvorzüge wie Patente, Warenzeichen oder Absatzwege aufzubauen, um eine Unterwanderung der Kundentreue zu verhindern.

Die folgende Abbildung stellt die fünf Bausteine des Markenwertes sowie ihre jeweiligen Vorteile dar:

Abb. 36: Der verhaltenswissenschaftliche Markenwert und seine fünf Bausteine zur strategischen Markenführung[1]

Insgesamt überwiegen natürlich die Vorteile, die aus einer starken Marke mit einem hohen Markenwert erwachsen, denn sie

- differenzieren das eigene Angebot von den Konkurrenten,
- erlauben Preisaufschläge,
- haben feste Kundenstämme,
- stellen Markteintrittsbarrieren dar,
- bieten eine bessere Plattform für Markenerweiterungen durch Neuprodukte oder Verlängerungen von Produktlebenszyklen (z. B. die Mercedes E-Klasse),
- bieten den Neukunden einen Anhaltspunkt zur Orientierung.

---

[1] Aaker D. A., a.a.O., S. 312.

Allerdings weisen starke Marken auch potenzielle Gefahren auf, die zumeist im Unternehmen begründet sind:

- Starke Marken können zu Trägheit führen, indem die Verantwortlichen sich auf den Erfolgen ausruhen und dann die Kontrolle über die Marke verlieren.
- In Absatzkrisen besteht die Gefahr, dass Vertriebsmanager Maßnahmen wie Rabattaktionen zur kurzfristigen Umsatzsteigerung durchführen und damit die Marke und ihren Wert langfristig beschädigen, weil der Kunde fortan immer Rabatte erwartet und die Marke irgendwann als „billig" im Sinne von „geringerwertig" wahrnimmt.
- Zu schnelle Markenerweiterungen mit dem Ziel der Umsatzgenerierung bergen die Gefahr der Markenverwässerung, falls der Markenkern und sein Potenzial zur Erweiterung nicht sorgfältig berücksichtigt werden.

Neben den bisher erwähnten internen Herausforderungen – angefangen von dem notwendigen Verständnis für den Kunden und die Käufermärkte – gibt es eine Vielzahl von externen Herausforderungen, denen sich das strategische Markenmanagement stellen muss. Explodierende Produkt- und Markenvielfalt durch zunehmende Marktsegmentierungen, Globalisierung und deutlich kürzere Produktlebenszyklen hat in Kombination mit einer Inflation der Produkt-Kommunikation durch neue Medien und Medieninstrumente zu einer Informationsüberlastung der Konsumenten geführt. Und die zunehmende Erlebnisorientierung der Konsumenten (Spaßfaktor, „Live your life", Work-Life Balance) sowie das Aufkommen neuer psychografischer Kundentypen wie *Smart Shoppern* („Geiz ist geil"), *System-Beatern* (warten Aktionen ab) und *hybriden Konsumenten* (situatives Verhalten – Nutzung von U-Bahn und Mercedes S-Klasse) führen zu immer rascheren Markenwechseln. In diesem Umfeld gelingt es den Handelsmarken (Aldi, Metro, Plus etc.) logischerweise immer besser, sich gegenüber den Herstellermarken nachhaltig zu profilieren und ihnen Konkurrenz zu machen.

Aufgrund all dieser neuen Herausforderungen muss das strategische Markenmanagement immer besser werden – es gilt, jederzeit seine Position im Wettbewerb zu kennen und frühzeitig auf Veränderungen zu reagieren. Ein instrumenteller Ansatz, der diese analytische Aufgabe des strategischen Markenmanagement unterstützt, wird im nächsten Abschnitt vorgestellt. Eines sei allerdings abschließend angemerkt: Ein Markenimage führt nicht zwingend zu Markenkauf („*Brand image does not necessarily equal brand usage.*“[1]). Strategisches Markenmanagement darf kein Selbstzweck sein – ein verhaltenswissenschaftlich hoher Markenwert muss auch zu echtem Konsum führen.

3.3.2 Beispiele für Markenbewertungen mittels Positionierungsanalyse

Die Erkennung von Marken-Positionierungen zur Bestimmung des verhaltenswissenschaftlichen Markenwertes und zur Steuerung der vier Dimensionen des strategischen Markenmanagements[2] wird derzeit insbesondere durch den multivariaten Analyseansatz der Multidimensionalen Skalierung (MDS) geleistet.[3] Dieser quantitative Analyseansatz der wirtschafts- und sozialwissenschaftlichen Forschung ist auch als Positionierungsanalyse bekannt.

Die MDS geht davon aus, dass Objekte wie Produkte oder Marken eine Position im mehrdimensionalen Wahrnehmungsraum von Personen haben. Mittels einer Befragung werden zunächst die wahrgenommenen globalen Ähnlichkeiten zwischen den Objekten erhoben und dann per MDS die zugrunde liegenden Wahrnehmungsdimensionen abgeleitet. Im Ergebnis werden alle Objekte relativ zueinander und entlang der zugrunde liegenden Dimensionen positioniert, um den Wahrnehmungsraum abzubilden.

---

[1] Kapferer, J.-N., (re)inventing the brand, London u. a. 2001, S. 112.

[2] Siehe hierzu den vorherigen Abschnitt.

[3] Zur Multidimensionalen Skalierung (MDS) siehe Backhaus K. / Erichson B. / Plinke W. / Weiber R., Multivariate Analysemethoden, Berlin u. a. 2003.

Die Distanz zwischen den Objekten drückt ihre relative Ähnlichkeit aus, und ihre Nähe zu den Pfeilspitzen des Koordinatensystems zeigt, wie positiv sie hinsichtlich einer Dimension wahrgenommen werden.

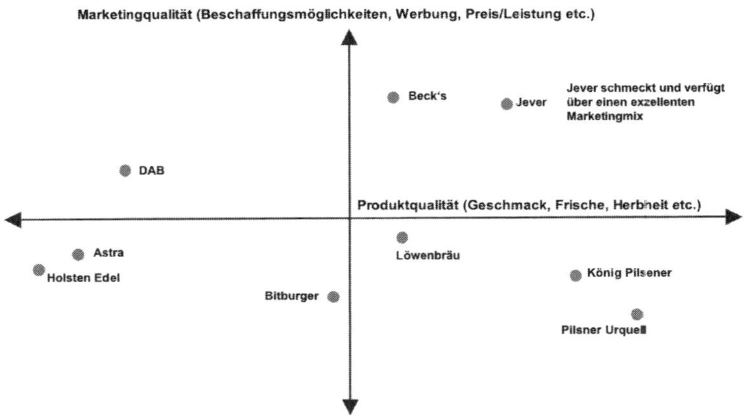

Abb. 37: Positionierung von Biermarken per MDS[1]

Das Beispiel des Biermarktes ist zwar schon einige Jahre alt, zeigt aber sehr eindrucksvoll, welche Marken ähnlich eingeschätzt werden und wo es noch Positionierungspotenziale gibt. Die beiden Achsen stellen die verdichtete Information verschiedener Parameter dar, und der Schnittpunkt unterteilt den Raum in positive und negative Wahrnehmungen. Entsprechend weist Jever in dieser Analyse die beste Positionierung auf, Holsten Edel die schlechteste. Pilsner Urquell und König Pilsener sind sich nach Meinung der Konsumenten ähnlicher als z. B. Pilsner Urquell und Beck's. Bezogen auf den verhaltenswissenschaftlichen Markenwert sind Jever und Beck's die stärksten Marken, alle anderen weisen entsprechend ihren Positionie-

[1] Nach Hansmann K.-W., Industrielles Management (5. Aufl.), München u. a. 1997, S. 50.

rungen zum Teil erhebliche Verbesserungspotenziale auf. Und auch für neue Anbieter und deren Produkte ist der Wahrnehmungsraum noch attraktiv, da im oberen rechten Feld sich nur zwei Biere befinden.

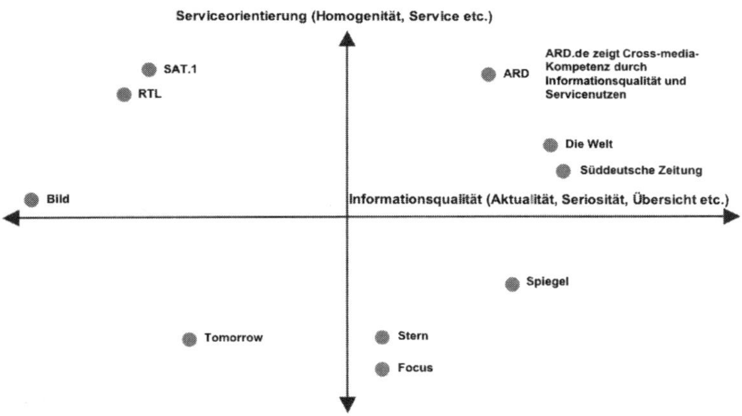

Abb. 38: Positionierung von Online-Medienprodukten per MDS[1]

Das aktuellere Beispiel der Online-Medienprodukte kann analog interpretiert werden: Die ARD wird in den Dimensionen der Informationsqualität und der Serviceorientierung am besten wahrgenommen. Die Ableger der privaten Fernsehsender sowie von „Bild" sind zwar gut in ihrer Aufbereitung, allerdings sehr schlecht in der Qualität der Informationen. „Tomorrow" weist die schlechteste Position auf, der „Spiegel" ist auch online sehr gehaltvoll, jedoch nicht ansprechend. Die Medienprodukte von RTL und SAT1 sind sich sehr ähnlich, der „Spiegel" steht diametral dazu.

[1] Nach Kröger C., Strategisches Marketing von Online-Medienprodukten: Marktattraktivität und Wettbewerbspositionen, Wiesbaden 2002, S. 301.

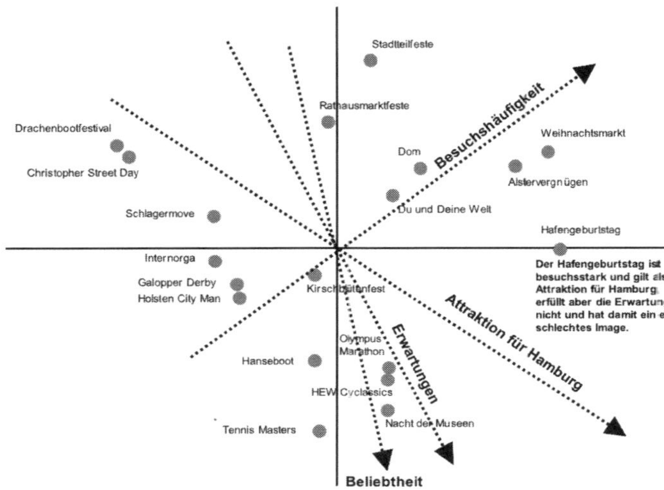

Abb. 39: Positionierung von öffentlichen Events in Hamburg per MDS[1]

Das dritte Beispiel ist etwas komplexer: Der Raum der öffentlichen Events in Hamburg ist vierdimensional, wobei drei Dimensionen in eine ähnliche Richtung zeigen. Besuchsstarke Veranstaltungen werden teilweise noch als Attraktion für Hamburg bewertet (insbesondere der Hafengeburtstag), sind jedoch bei den Befragten eher unbeliebt und erfüllen die Erwartungen nicht. Die Veranstaltungen, die in diesen qualitativen Dimensionen positiv wahrgenommen werden, sind wiederum nicht sehr besuchsstark. Die Analyse unterstützt demnach die grundlegende Überlegung, dass Qualität und Quantität bei Veranstaltungen konkurrierende Zielgrößen sind. Trotz der vier Dimensionen können die einzelnen Veranstaltungen in ihrer Lage zueinander direkt verglichen werden: In der Wahrnehmung der Konsumenten sind der Marathon und die Cyclassics sehr ähnlich,

[1] Nach Hansmann K.-W. / Nissen M. / Carstensen H. / Bickhoff N., Studie öffentliche Events in Hamburg, Hamburg 2005.

während die Stadtteilfeste beispielsweise sehr unähnlich zu den beiden sind.

Die Markenbewertung per MDS oder mittels anderer Ansätze erlaubt die Analyse der gegenwärtigen Positionierung von Marken im Wahrnehmungsraum der Konsumenten. Darüber hinaus gibt sie über die Erfüllung der Dimensionen einen Hinweis darauf, an welchen Stellen Verbesserungspotenziale für das strategische Markenmanagement vorhanden sind. Die Frage, wie eine Marke ihre Position konkret verbessert, wird durch die Maßnahmen des Marketingmix beantwortet. Dabei ist der imagebildende Aspekt zu einem wesentlichen Teil immer Aufgabe von Kreativ-Agenturen, d. h an dieser Stelle kann die kausale, betriebswirtschaftliche Analyse nicht mehr zum Erfolg beitragen: Sie zeigt den möglichen Weg auf, kann ihn jedoch nicht erarbeiten.

3.4 Strategische Spiele

Sämtliche bisherige Ausführungen zum strategischen Management haben gezeigt, dass allen Instrumenten und auch dem Analyseprozess selbst das Problem zugrunde liegt, dass Perspektiven und Empfehlungen ausschließlich statisch stattfinden können. Die Ist-Analyse (oder auch SWOT-Analyse) erhebt einen Status quo zu einem Stichtag, und basierend auf diesen Erkenntnissen werden die Instrumente angewendet. Dynamische Interdependenzen – was macht der Wettbewerb, wenn das Unternehmen eine bestimmte Strategie durchführt – können durch diese Bezugsrahmen nicht erfasst werden.

In diesem letzten Kapitel soll dieser „Makel" behoben werden: Die Spieltheorie bietet die Grundlagen dafür, Wettbewerbssituationen als dynamisches Spiel zu modellieren und damit Aktionen und Reaktionen in einem Markt vorausschauend zu analysieren.

Die Grundlagen sowie konkrete Anwendungen in der Praxis werden mittels der zwei Fragestellungen

- Was sind die Kerngedanken der Spieltheorie?
- Wie kann die Spieltheorie den Unternehmen in der Praxis helfen, unter Berücksichtigung des dynamischen Umfelds ihre strategischen Entscheidungen zu treffen?

in den beiden folgenden Abschnitten behandelt.

3.4.1 Spieltheorie: Ansatz zur dynamischen Modellierung des Wettbewerbs

Die Spieltheorie[1] ist eine mathematisch formulierte Theorie des strategischen Verhaltens und analysiert – als Ergänzung zur Entscheidungstheorie – Entscheidungssituationen. Vereinfacht gesagt, untersucht sie die interaktiven und damit interdependenten Strategien von konkurrierenden Individuen. Damit befasst sie sich aber auch mit Fragen der Interaktivität und Kommunikation: Je mehr man über das Gegenüber weiß, desto besser kann man auf sein Verhalten reagieren und auch agieren. Die Spieltheorie sucht nach der Strategie, mit der in einer Situation das optimale Ergebnis erzielt werden kann. Dabei muss diese Strategie nicht deterministisch sein, sondern kann auch mit Wahrscheinlichkeiten arbeiten.

Historisch betrachtet fokussierten sich die Forscher anfangs auf die Nullsummenspiele, später konzentrierte man sich auf die Nicht-Nullsummenspiele und erarbeitete die kooperative und nicht-kooperative Spieltheorie. John von Neumann leistete den ersten spieltheoretischen Beitrag 1928 mit dem Beweis des Maximin-Theorems.[2] 1944 veröffentlichte er mit Oskar Morgenstern das Buch „Theory of Games and Economic Behaviour“, wodurch die Spieltheorie als eigenständige Wissenschaft aufkam. John Nash entwickelte in den 1950er-Jahren ein Gleichgewicht für Zwei-Personen-Spiele, das inzwischen als *Nash-Gleichgewicht* berühmt geworden ist. Hierfür erhielt er 1994 den Nobelpreis für Wirtschaftswissenschaften.[3]

---

[1] Zur Spieltheorie gibt es eine Vielzahl sehr guter Bücher. Vgl. für die Ausführungen dieses Abschnitts z. B. Dixit A. K. / Nalebuff B. J., Spieltheorie für Einsteiger, Stuttgart 1997, die das Thema inhaltlich sehr anschaulich aufbereiten. Für mathematisch Interessierte bietet sich Dutta P. K., Strategies and Games, Cambridge (MA) u. a., 2001 an.

[2] Maximin-Theorem: Der Akteur wählt jene Strategie, die ihm das (garantierte) Minimum, das ihm der Gegenspieler nicht nehmen kann, maximiert.

[3] Zusammen mit John Harsanyi und Reinhard Selten, die ebenfalls im Bereich der Spieltheorie forschen.

Das grundlegende Konzept der Spieltheorie muss nicht zwingend mathematisch verstanden werden, seine Grundzüge sind auch qualitativ vermittelbar. Zunächst ist es wichtig, das Basisverständnis für ein strategisches Spiel zu formulieren:

- Strategische Situationen werden als Spiel modelliert.
- Spielregeln legen fest, wer was wann machen darf.
- Es gibt zwei oder mehr Spieler mit prinzipiell konkurrierenden Interessen.
- Die Strategie eines Spielers ist ein Plan davon, was für eine Aktion dieser Spieler in jeder nur erdenklichen Situation wählt.
- Der Nutzen oder Verlust, der für einen Spieler aus einer Situation resultiert, wird als Auszahlung bezeichnet.
- Alle Spieler sind rational – sie versuchen in jeder Situation ein möglichst hohes Nutzenniveau zu erreichen.
- Bei gegebenen Strategien der anderen Spieler ist die beste Antwort eines Spielers diejenige, welche seine Auszahlung maximiert.

Jeder kennt diese Basisideen aus der eigenen Erfahrung mit Gesellschaftsspielen wie Skat oder Monopoly. Gesellschaftsspiele basieren in der Regel auf einfachen strategischen Situationen, bei wirtschaftlichen oder politischen Zusammenhängen wird das zu modellierende Spiel komplexer. Um die Situation eines jeden Spiels besser strukturieren zu können, gibt es in der Spieltheorie einige wichtige Begriffspaare – diese sind für das grundlegende Verständnis elementar und werden im Folgenden erläutert.

Die bereits erwähnten *Zwei-Personen-Nullsummenspiele* sind Spiele, bei denen der eine der Spieler das gewinnt, was der andere Spieler verliert. Kooperation oder Nicht-Kooperation ist in diesem Fall ausgeschlossen, es handelt sich vom Aufbau her um die einfachste Form eines Spiels (Kopf oder Zahl etc.). Die Kommunikation kann vollkommen reduziert werden, da für beide Spieler nur das Gewinnen zählt. In diesem Fall liefert bei Entscheidungssituationen die Maximin-Regel die optimale Lösung im Gleichgewicht: Maximiere das Minimum der erreichbaren Auszahlung. Bei *Nicht-Nullsummenspielen* können die Spieler durch Kooperation ihre Situation verbessern, sie können jedoch auch durch Nicht-Kooperation ihren Gewinn über den Verlust des Gegners hinaus steigern. In der Realität herrschen in der Regel die Nicht-Nullsummenspiele vor, deren Reiz in der nicht-kooperativen Verhaltensweise liegt. Für stabile Gleichgewichte ist in der Praxis das Vertrauen unter den Spielern der entscheidende Faktor. Gemäß der Spieltheorie sind die Spieler aber rational, und zu vertrauen ist normalerweise nicht die rationale Lösung – dieses Problem wird im Laufe der Ausführungen noch am Beispiel des Gefangenendilemmas deutlich werden. Die nicht-kooperativen Handlungen bei den Nicht-Nullsummenspielen werden differenziert in aggressive Strategien, die auf Übervorteilung aus sind, und blinde Strategien, die dem Prinzip der Zufälligkeit folgen.

Des Weiteren gibt es den Begriff der *dominanten Strategie*: Jede der möglichen Strategiekombinationen eines Spiels wird individuell von jedem Spieler berechnet, und jeder Spieler wählt die Strategie, die für ihn den größten Nutzen bringt. Wenn der Spieler für jede der möglichen Strategiekombinationen die gleiche Strategie wählt, dann ist dies in diesem Spiel seine dominante Strategie – er wählt für jede Entscheidungssituation immer dieselbe strategische Alternative, d. h. die aus seiner rationalen Sicht optimale Strategie hängt nie von der Strategie seines Mitspielers ab. Eine strategische Alternative, die nicht durchgehend besser, sondern durchgehend schlechter als jede andere Strategie ist, wird als *dominierte Strategie* bezeichnet – diese Strategien sind zu vermeiden. Oftmals haben die Spieler keine dominanten oder dominierten Strategien, und dann hängt die beste Antwort bzw. Strategie eines Spielers von der Strategiewahl des Mitspielers ab (und umgekehrt gilt dies auch für den Mitspieler) – je nach Entscheidungssituation wird also eine andere Alternative gewählt. Die Lösung eines solchen Spiels ist das Nash-Gleichwicht bei reinen Strategien: Es gibt eine Kombination von Strategien, bei der die Strategiewahl jedes Spielers die beste Antwort auf die (als gegeben angenommene) Strategiewahl des anderen ist – es gibt somit keinen rationalen Anreiz, die Lösung bzw. den stabilen Zustand unilateral zu ändern, da kein Spieler sich besser stellen kann. Dieses Gleichgewicht wird auch das „Prinzip der wechselseitig besten Antwort" genannt und stellt ebenfalls die Lösung dar, wenn beide Spieler eine dominante Strategie haben.

In *parallelen bzw. simultanen Spielen* entscheiden die Spieler zum gleichen Zeitpunkt. Damit muss sich jeder Spieler in den anderen hineinversetzen und versuchen, das Ergebnis des Spiels vorauszuberechnen. Abgebildet wird dieses Szenario durch die Spiel- oder auch Entscheidungsmatrix, in der verschiedene strategische Handlungsalternativen mehreren Entscheidungssituationen gegenübergestellt werden. Bei *sequenziellen Spielen* werden die Entscheidungen zeitlich aufeinander folgend getroffen, das heißt ein Spieler, der am Zug ist, muss sich überlegen, wie sich seine Aktion auf die Aktion des anderen auswirkt. Zur Darstellung dieses Szenarios werden Spiel- oder Entscheidungsbäume verwendet, bei denen die Züge als Knoten mit unterschiedlichen Pfadmöglichkeiten gezeigt werden. Im ersten Augenblick scheint es, als wäre es schwieriger, ein paralleles Spiel strategisch zu planen. Wer jedoch einmal Schach gespielt hat, wird feststellen, dass auch ein rein sequenzielles Spiel enorm komplex ist.

Spiele sind entweder statisch oder dynamisch. *Statische Spiele* finden einmal statt und können ceteris paribus wiederholt werden (z. B. Kopf oder Zahl). *Dynamische Spiele* haben mehrere Züge und beziehen die veränderte Umwelt und/oder das Lernen aus vorangegangenen Spielzügen explizit ein – sie finden damit über mehrere zeitliche Entscheidungsstufen statt. Es kann sich dabei um parallele, sequenzielle oder auch gemischte parallel-sequenzielle Spiele handeln.

Reine Strategien in Spielen entscheiden sich eindeutig für oder gegen eine Strategiemöglichkeit bzw. einen Zug. *Gemischte Strategien* legen fest, mit welcher Wahrscheinlichkeit (abhängig von der individuellen Risikopräferenz) jede Strategiealternative bzw. jeder Zug gespielt wird.

In einem Spiel mit *vollständiger Information* kennen die Spieler alle Strategien und möglichen Strategiekombinationen sowie alle resultierenden Auszahlungen des Spiels. Diese Informationen werden auch als technische Aspekte eines Spiels bezeichnet. Sobald diese Vorgabe für einen Spieler nicht mehr vollständig zutrifft, liegen *unvollständige Informationen* vor. In der realen Wirtschaft sind die Unternehmen normalerweise nicht mit vollständiger Information ausgestattet – es sein denn, es handelt sich um eine Planwirtschaft.

Wenn ein Spieler sich über die Strategiewahl eines anderen Spielers im Unklaren ist, dann handelt es sich um *imperfekte Information*. Diese liegt immer bei simultanen Spielen vor. Wenn allerdings jedem Spieler zu jedem Zeitpunkt die bisherige Strategiewahl seiner Gegenspieler bekannt ist, dann liegt *perfekte Information* vor – dies gilt für Spiele mit ausschließlich sequenziellen Zügen.[1]

Das Gefangenendilemma ist ein Beispiel für ein simultanes Nicht-Nullsummenspiel, das auf anschauliche Weise das Problem der spieltheoretischen Grundannahmen darstellt[2]: Zwei Gefangene A und B sind verdächtig, gemeinsam eine Straftat verübt zu haben. Die Höchststrafe dafür beträgt acht Jahre. Der Richter bietet jedem der beiden Folgendes an: „Bei Belastung des anderen kommst du frei und er bekommt die vollen acht Jahre. Wenn ihr beide schweigt, dann haben wir Indizien, um jeden für drei Jahre einzusperren. Wenn ihr beide gesteht, dann kommt ihr beide für jeweils fünf Jahre ins Gefängnis." Die Gefangenen können sich nicht abstimmen, sodass jeder zwei Möglichkeiten hat: kooperieren, also schweigen, oder defektieren, also gestehen. Die daraus resultierenden vier möglichen Strategiekombinationen werden üblicherweise in einer Pay-off-Matrix dargestellt (s. Abbildung 40), wobei in diesem Fall die Auszahlungen, also die Zahl der Haftjahre, negative Vorzeichen haben, da Haftstrafen keinen positiven Nutzen abbilden. Die erste Ziffer in der Klammer ist die Auszahlung von A, die zweite Ziffer die Auszahlung von B.

---

[1] Vgl. Dixit A. K. / Nalebuff B. J., a.a.O., S. 84 f. Anhand von vier Regeln ist dort das bisher Geschriebene und damit die Grundidee der Spieltheorie einfach und logisch für die Praxis zusammengefasst.

[2] Details des Gefangenendilemmas variieren teilweise in der Literatur (wie z. B. das Strafmaß), das Dilemma an sich bleibt davon unberührt.

		B	
		schweigen	gestehen
A	schweigen	(-3, -3)	(-8, 0)
	gestehen	(0, -8)	(-5, -5)

Abb. 40: Die Pay-off-Matrix des Gefangendilemmas

Gemäß den Annahmen der Spieltheorie liegt bei der Entscheidungsfindung rationales Verhalten vor, d. h. jeder Spieler will seinen individuellen Nutzen maximieren. Aus Sicht von A (ebenso wie aus Sicht von B) gibt es zwei Möglichkeiten in dieser simultanen Situation: Entweder der andere kooperiert oder defektiert. In beiden Fällen lohnt es sich für beide Gefangenen zu defektieren, also zu gestehen: Die Auszahlung von 0 ist besser als -3, und die Auszahlung von -5 ist besser als -8. Mit anderen Worten: Freiheit ist besser als drei Jahre Haft, und fünf Jahre im Gefängnis sind besser als acht. Da beide dieselbe dominante Strategie haben, liegt in diesem Fall auch ein sogenanntes Gleichgewicht dominanter Strategien vor. Das rationale Verhalten führt in diesem Fall jedoch zu einem suboptimalen Ergebnis, da beide gestehen und dafür fünf Jahre Haft erhalten. Eine Kooperation durch Schweigen wäre hingegen für beide besser, da sie dann nur drei Jahre Haft erhalten.

Die spieltheoretische Annahme der Rationalität und der damit verbundenen individuellen Nutzenmaximierung ist selbstverständlich auch eine gängige Annahme der Betriebswirtschaftslehre. Das Gefangendilemma belegt damit die Überlegung, dass Unternehmen in Marktsituationen kooperieren sollten, um sich insgesamt besser zu stellen. Statt beispielsweise aggressive Werbekampagnen für bereits etablierte Produkte durchzuführen, kann es sinnvoll sein, die Kosten zu sparen und die Marktanteile zu halten.

Das Problem solcher Kooperationen ist allerdings – und das zeigt das Gefangenendilemma ebenfalls –, dass jeder Spieler immer einen Anreiz zum Defektieren hat. Schweigt der eine, dann gesteht der andere und kommt frei. Oder: Verzichtet der eine auf eine Werbekampagne, dann kann der andere mit einer Werbekampagne kurzfristig Marktanteile gewinnen. Kooperative Lösungen können also nur bestehen, wenn es auch geeignete Bestrafungsmechanismen gibt.

Die Spieltheorie hat infolgedessen eine große Anzahl an mathematischen Standardstrategien entwickelt, die in Form von Algorithmen in Computerspielen gegeneinander antreten.[1] Die bekannteste ist die „Tit for tat"-Strategie, die auf dem Prinzip „Auge um Auge, Zahn um Zahn" basiert. Sie ist vom ersten Zug an kooperativ und spielt dann in jedem Folgezug den Zug, den der Gegner zuletzt benutzt hat. Damit ist es eine prinzipiell freundliche Strategie, die sich jedoch schnell provozieren lässt und die Gefahr birgt, permanent unkooperativ zu werden. Damit ist ihre Anwendung insbesondere in solchen Situationen gefährlich, in denen es schnell zu Missverständnissen kommen kann (z. B. globale Situationen, die durch große Distanzen sowie unterschiedliche Sprachen und Kulturen geprägt sind). Mathematische Standardstrategien sind insbesondere mittels der Industrieökonomik in Marktverhaltensweisen formuliert worden: So gibt es zum Beispiel bedingungslose Strategien, die dem Gegner eine glaubwürdige Selbstbindung an die eigene Strategiewahl in Form des „*burning down one's bridges*" signalisieren.[2] Dies können Markteintritte sein, die mit dem Aufbau erheblicher fester Anlagen-/Produktionskapazi-

---

[1] Vgl. Axelrod R., Die Evolution der Kooperation, München 1988.

[2] Es geht hierbei um das Bild einer Armee, die eine Insel einnehmen möchte und hinter sich die einzige Brücke abbrennt, um dem Gegner die Bedingungslosigkeit der eigenen Strategie zu signalisieren.

täten und damit entsprechenden irreversiblen Kosten (*sunk costs*) einhergehen. Oder es gibt Strategien, die bei Kooperationen mit Strafen drohen oder Belohnungen versprechen – solche Bestrafungs- und Anreizsysteme werden in der Regel vertraglich festgehalten.

3.4.2 Dynamische Wettbewerbssimulation in der Realität

Rückblickend kann jede wirtschaftliche, politische, sportliche, persönliche oder militärische Situation mittels der Spieltheorie analysiert und bewertet werden. Die Ex-ante-Anwendung der grundlegenden Erkenntnisse der Spieltheorie ist jedoch sehr wenig verbreitet – dies hängt mit den Restriktionen und der Komplexität der Materie zusammen. Erste Ansätze für eine Ex-ante-Anwendung und Beispiele dazu gibt es inzwischen trotzdem.

Allgemein werden diese Ansätze als „Strategische Spiele“ („War Gaming“ oder „Strategic Gaming“) bezeichnet, da sie ihren Ursprung in der militärischen Anwendung haben. Ging es dort um die Simulation der Auswirkungen militärischer Strategien, so haben sich diese Ansätze inzwischen in die Wirtschaftswelt verbreitet. In einer experimentellen Phase nahmen sich große globale Unternehmen wie z. B. die Erdöl-Konzerne dieses strategischen Ansatzes an. Inzwischen gibt es eine Verbreitung in den Kreis der großen börsennotierten Unternehmen[1], die Ansätze können als technisch ausgereift bezeichnet werden. Sie werden den Konzernen in der Regel von den großen internationalen Unternehmensberatungen angeboten. Die Berater bereiten das Spiel vor, führen es mit dem Klienten durch und analysieren danach die einzelnen Züge und das Ergebnis.

Konzeptionell handelt es sich beim Strategic Gaming um die dynamische Simulation realer Geschäftssituationen. Top-Manager sollen damit vor dem Hintergrund expliziter Markt- und Wettbewerbsannahmen die Möglichkeit erhalten, ihre strategischen Entscheidungen zu evaluieren. Ein Spiel besteht aus den folgenden Hauptschritten:

[1] Dax 30, S&P 500, FTSE 100 etc.

- Formulierung der zu testenden Kernthese.
- Erarbeitung des ökonomischen Modells (Markt und Wettbewerb).
- Bildung von vier bis fünf Teams, die das betroffene Unternehmen und seine wichtigsten Wettbewerber abbilden.
- Durchführung von drei bis vier Spielzügen, von denen jeder einen realen Zeitraum von ein bis zwei Jahren abbildet.
- Analyse der einzelnen Spielzüge und Evaluierung von Kernentscheidungen nach Ende des Spiels.
- Zusammenfassendes Feedback über geplante und unerwartete Ergebnisse.

In der Vorbereitung gibt es zwei kritische, detailliert aufzubereitende Punkte: das ökonomische Modell und die Bildung der Wettbewerber. Das ökonomische Modell ist ein quantitatives Rechenmodell, das Markt und Wettbewerb simuliert und das auf die einzelnen Spielzüge reagiert. Entsprechend der inhaltlichen Kernthese sind hier die relevanten Daten abzubilden, dies können z. B. Nachfrage-Elastizitäten, Angebotsparameter oder Wachstumsraten des Marktes sein, und auf Wettbewerbsseite werden z. B. Umsatz- und Kostenstrukturen oder Investitionspotenziale abgebildet. Jeder Spielzug fließt in das Modell ein, und es gibt entsprechende Reaktionen vom Markt bzw. den Wettbewerbern. Das eigene Team sowie die Wettbewerber können natürlich nur von Mitarbeitern des initiierenden Unternehmens gespielt werden, d. h. diese müssen sich in die Lage und in die Rolle der Top-Manager der Wettbewerber versetzen, um deren Spielzüge möglichst originalgetreu spielen zu können. Hierzu werden vorbereitend die Top-Manager der Wettbewerber mit einem standardisierten Psychologieprofil versehen, um dem jeweiligen Spieler ein möglichst exaktes Bild der zu spielenden Person zu vermitteln:

- Welche Position (CEO, CFO, Chairman etc.) und Rolle nimmt die Person ein (Unternehmer, Netzwerker, Cost-cutter, Controller etc.)?
- Welchen Führungsstil (autoritär, nervös, perfektionistisch etc.) hat die zu spielende Person und wie trifft sie Entscheidungen (demokratisch, partizipierend, autokratisch etc.)?
- Wie verhält die Person sich im Team (Koordinator, Teamarbeiter, Spezialist etc.) und wie im Allgemeinen (extrovertiert, introvertiert, intuitiv, emotional etc.)?
- Welchen Hintergrund weist die Person auf (Ausbildung, Privatleben, Karriereschritte, bisherige strategische Entscheidungen etc.)?

Sowohl das ökonomische Modell als auch die Persönlichkeitsprofile werden über intensive Recherche in Datenbanken, Marktberichten, Geschäftsberichten, Presseinformationen etc. erstellt. Darüber hinaus können Gespräche mit Experten das Wissen über interne Kostenstrukturen, aber auch über einzelne Charakterzüge der Top-Manager erweitern. Es ist somit offensichtlich, dass für die Erstellung des ökonomischen Modells sowie für die Bildung der Wettbewerber alle eingeführten Bezugsrahmen benötigt werden: SWOT-Analyse, Corporate Strategy und Business Strategy. Insgesamt dauert die Vorbereitung eines Spiels ca. 10 bis 12 Wochen und bindet zwei bis drei Berater.

Das Spiel selbst dauert zwei Tage, in denen in drei bis vier Spielzügen die nächsten ca. fünf Jahre dynamisch simuliert werden. Mit Spielbeginn werden alle Teams gebeten, ihre wesentlichen strategischen Entscheidungen für den ersten Zeitraum zu analysieren, zu formulieren und dem Spielaufseher mitzuteilen. Die Teams sind räumlich voneinander getrennt, sodass es keine Kommunikation geben kann. Die Züge finden zunächst simultan statt und fließen dann in das ökonomische Modell ein. Die Reaktion des Modells und die vorangegangenen Züge werden dann an alle Teams kommuniziert, sodass ein neuer simultaner Zug unter Kenntnis der vorangegangenen Strategien und der Modellreaktion gespielt werden kann. Für die Analyse und

Vorbereitung eines Zuges hat ein Team ca. vier Stunden Zeit, wobei es in diesem Zeitraum auch noch zu kleinen Zwischenzügen kommen kann, um der Simulation eines ganzen Jahres gerecht zu werden (z. B. eine Analystenkonferenz). Nachdem alle Züge gespielt worden sind, liegt entsprechend der Reaktion des ökonomischen Modells ein Ergebnis zu der anfangs aufgestellten Kernthese vor. Je nachdem, ob die Strategie des betroffenen Unternehmens erfolgreich war, kann eine Analyse der Spielzüge aufzeigen, welche Züge die Gewinnerzüge waren oder an welcher Stelle ein falscher Weg eingeschlagen wurde und welcher Zug besser gewesen wäre. Eine solche Postgame-Analyse, in der umfassend das ganze Spiel aufbereitet wird, dauert ca. zwei Wochen.

Strategic Gaming wurde unter anderem bereits bei folgenden Fragestellungen bzw. Kernthesen angewendet: Markteintrittsstrategien, Erweiterung der vertikalen Integration, M&A-Preisstrategien, feindliche Übernahmestrategien, Vergabe von öffentlichen Ausschreibungen (UMTS-Lizenzen, Rüstungsaufträge). Der Initiator eines solchen Spiels hat in diesen Fällen den Vorteil, dass er risikofrei seine strategische Entscheidung in einer dynamischen, d. h. die Markt- und Wettbewerberreaktionen berücksichtigenden Simulation testen kann. Ist er in dem Spiel erfolgreich, so kann er sein Vorhaben weiter verfolgen. Ist er nicht erfolgreich, so bietet ihm das die Möglichkeit, sein Vorhaben kritisch zu überdenken und zu analysieren, ob er mit anderen Zügen erfolgreich werden kann. In jedem Fall erhält er in Ergänzung zu den statischen Instrumenten eine weitere, erstmals dynamische Perspektive des strategischen Managements geliefert.

Fazit: Jetzt sind Sie am Zug!

Knapp einhundertdreißig Seiten reichen vollkommen aus, um das Wesen von Strategie und strategischem Management zu verstehen, die wichtigsten Bezugsrahmen und ihre Interdependenzen kennenzulernen und sich den großen Themen der Unternehmenspraxis zu nähern. Damit liegt genau das Strategiewissen vor, das Sie wirklich benötigen, um im harten Wettbewerb zu überleben – die Quintessenz des strategischen Managements.

Und viel mehr kann auch kein anderer Beitrag zur Lösung Ihrer strategischen Herausforderungen leisten. Denn ein Leitfaden à la „Die richtige Strategie in 30 Tagen“, „Die 10 Geheimformeln des strategischen Erfolgs“ oder ähnlichen, das unternehmerische Leben angeblich erleichternden Ratgebern wäre sinnfrei. Die Mutter des Erfolgs ist am Anfang immer unbekannt, und erfolgreiche Unternehmen haben selten dieselben Väter.

Strategieentwicklung sowie auch die finale Strategie unterliegt wie gezeigt immer wieder den nicht vorhersehbaren Entwicklungen an den Märkten: Rahmenbedingungen ändern sich, Wettbewerber verhalten sich anders als gedacht, Technologie-Sprünge treten ein – die Liste an Unannehmlichkeiten ist lang. Aber genau deshalb sind die meisten von Ihnen Entscheider geworden (oder haben vor, es zu werden): um in komplexen Situationen erfolgreiche Strategien zu entwickeln und die richtigen Entscheidungen zum Wohl des Unternehmens und der Beschäftigten zu treffen. Hierbei hilft Ihnen dieses Buch.

Und wenn Sie darüber hinaus die permanente Unsicherheit als Ihre persönliche Herausforderung annehmen und keine Angst haben, strategische Entscheidungen auch einmal schnell – allerdings immer auf Basis fundierter Analysen sowie Perspektiven – zu revidieren, haben Sie eine sehr gute Chance, auch langfristigen Erfolg für Ihr Unternehmen zu erzielen. Denn in der Bewegung liegt die Kraft!

Literaturüberblick

Aaker D. A., Management des Markenwerts, Frankfurt/Main 1992.

Andrews K. R., The concept of corporate strategy (2. Aufl.), Homewood u. a. 1980.

Ansoff I., Corporate Strategy, New York 1965.

Ansoff I., „Strategies for Diversification“ in: Harvard Business Review, S. 113–124 (1957).

Axelrod R., Die Evolution der Kooperation, München 1988.

Backhaus K. / Erichson B. / Plinke W. / Weiber R., Multivariate Analysemethoden, Berlin u. a. 2003.

Bain J., Barriers to New Competition, Cambridge (MA) 1956.

Baumgarth C., Markenpolitik, Wiesbaden 2001.

Bentele G. / Buchele M.-S. / Hoepfner J. / Liebert T., Markenwert und Markenwertermittlung, Wiesbaden 2005.

Bickhoff N., Erfolgswirkungen strategischer Umweltmanagementmaßnahmen, Wiesbaden 2000.

Bickhoff N. / Böhmer C. / Eilenberger G. / Hansmann K.-W. / Niggemann M. / Ringle C. / Spremann K. / Tjaden G., Mit Virtuellen Unternehmen zum Erfolg, Berlin u. a. 2003.

Bickhoff N. / Blatz M. / Eilenberger G. / Haghani S. / Kraus K.-J., Die Unternehmenskrise als Chance, Berlin u. a. 2004.

Bieger T. / Bickhoff N. / Caspers R. / zu Knyphausen-Aufseß D. / Reding K. (Hrsg.), Zukünftige Geschäftsmodelle, Berlin u. a. 2002.

Bieger T. / Rüegg-Stürm J. / von Rohr T., „Strukturen und Ansätze einer Gestaltung von Beziehungskonfigurationen – Das Konzept Geschäftsmodell“ in: Zukünftige Geschäftsmodelle, T. Bieger et al. (Hrsg.), Berlin u. a., 2002.

Bötzel S. / Schwilling A., Erfolgsfaktor Wertmanagement, München u. a. 1998.

Brews P. J., „Star Trek strategy: real strategy at work“ in: Business Strategy Review, Autumn 2003, Volume 14, Issue 3, S. 34–43.

Dixit A. K. / Nalebuff B. J., Spieltheorie für Einsteiger, Stuttgart 1997.

Dutta P. K., Strategies and Games, Cambridge (MA) u. a., 2001.

Eisenhardt K. / Sull D., „Strategy as simple rules“ in: Harvard Business Review, January 2001, S. 107–116.

Esch F.-R. (Hrsg.), Moderne Markenführung, Wiesbaden 2001.

Hammer M., „Der Weg zum supereffizienten Unternehmen“ in: Harvard Business Manager, Oktober 2004, S. 158–171.

Hammer M. / Champy J., Reengineering the corporation, New York 1993.

Hansmann K.-W., Industrielles Management (5. Aufl.), München u. a. 1997.

Hansmann K.-W. / Nissen M. / Carstensen H. / Bickhoff N., Studie öffentliche Events in Hamburg, Hamburg 2005.

Harrington H. J., Business Process Improvement, New York u. a. 1991.

Hawawini G. / Viallet C., Finance for Executives: Managing for Value Creation, 2nd edition, Mason 2002.

Heuskel D., Wettbewerb jenseits von Industriegrenzen – Aufbruch zu neuen Wachstumsstrategien, Frankfurt/Main 1999.

Hill T. / Westbrook R., „SWOT Analysis: It's Time for a Product Recall“ in: Long Range Planning, Vol. 30 (1997), No. 1, S. 46 – 52.

Hutzschenreuter T., Wachstumsstrategien, Wiesbaden 2001.

Jacobs S., Strategische Erfolgsfaktoren der Diversifikation, Wiesbaden 1992.

Kapferer, J.-N., (re)inventing the brand, London u. a. 2001.

Kotler P. / Bliemel F., Marketing-Management (10. Aufl.), Stuttgart 2001.

Kröger C., Strategisches Marketing von Online-Medienprodukten: Marktattraktivität und Wettbewerbspositionen, Wiesbaden 2002.

Levitt T., „Marketing-Kurzsichtigkeit" in: Harvard Business Manager, Oktober 2004, S. 106–129.

Markides C., „A dynamic view of strategy" in: Sloan Management Review 40/3 (1999), S. 55–63.

Mintzberg H., „Der Managerberuf: Dichtung und Wahrheit" in: Harvard Business Manager, Oktober 2004, S. 72–89.

Mintzberg H., The Rise and Fall of Strategic Planning, Hemel u. a. 1994.

Pearson S., Building Brands Directly, London 1996.

Pettigrew A. / Thomas H. / Whittington R. (Hrsg.), Handbook of Strategy and Management, London u. a. 2002.

Porter M., Wettbewerbsstrategie, Frankfurt/Main u. a. 1999.

Porter M., „Towards a dynamic theory of strategy"in: Strategic Management Journal 12 (1991), S. 95–117.

Prahalad C. / Hamel G., „The Core Competence of the Corporation" in: Harvard Business Review, May-June 1990, S. 79–91.

Rappaport A., Shareholder Value (2. Aufl.), Stuttgart 1999.

Riekhof H.-C. (Hrsg.), Beschleunigung von Geschäftsprozessen, Stuttgart 1997.

Scherer F., Industrial Market Structure and Economic Performance (2. Aufl.), Chicago 1980.

Schwenker B. / Bötzel S., Auf Wachstumskurs, Berlin u. a. 2006.

Schwenker B. / Spremann K., Unternehmerisches Denken zwischen Strategie und Finanzen, Berlin u. a. 2008.

Spremann K., „Alte und neue Paradigmen der Finance“ in: G. Eilenberger / S. Haghani / A. Kötzle / K. Reding / K. Spremann (Hrsg.): Finanzstrategisch denken!, Berlin u. a. 2008.

Von Oetinger B., Das Boston Consulting Group Strategie-Buch, Düsseldorf 2000.

Zu Knyphausen-Aufseß D., „Strategisches Management“ in: G. Schreyögg / A. von Werder (Hrsg.): Handwörterbuch Unternehmensführung und Organisation (4. Aufl.), Stuttgart 2003.

Zu Knyphausen-Aufseß D. / Bickhoff N. / Bieger T., „Understanding and breaking the rules of business: Toward a systematic four-step process“ in: Business Horizons, Kelley School of Business, Indiana University, September-October 2006, S. 369–377.

Zu Knyphausen-Aufseß D. / Meinhardt Y., „Revisiting Strategy: Ein Ansatz zur Systematisierung von Geschäftsmodellen“ in: Zukünftige Geschäftsmodelle, T. Bieger et al. (Hrsg.), Berlin u. a., 2002.